郑军 ◎ 主编

物理改变世界
WULI GAIBIAN SHIJIE

艾星雨 ◎ 编著

山西出版传媒集团　山西教育出版社

图书在版编目（ＣＩＰ）数据

物理改变世界 ／ 艾星雨编著. —太原：山西教育出版社，
2015.4（2022.6 重印）
（科学充电站/郑军主编）
ISBN 978-7-5440-7553-4

Ⅰ．①物… Ⅱ．①艾… Ⅲ．①物理学-青少年读物
Ⅳ．①04-49

中国版本图书馆 CIP 数据核字（2014）第 309892 号

物理改变世界

责任编辑	彭琼梅	
复 审	李梦燕	
终 审	张沛泓	
装帧设计	陈 晓	
印装监制	蔡 洁	

出版发行 山西出版传媒集团·山西教育出版社
（太原市水西门街馒头巷 7 号 电话：0351-4729801 邮编：030002）

印 装	北京一鑫印务有限责任公司
开 本	890×1240 1/32
印 张	6.375
字 数	175 千字
版 次	2015 年 4 月第 1 版 2022 年 6 月第 3 次印刷
印 数	6 001—9 000 册
书 号	ISBN 978-7-5440-7553-4
定 价	39.00 元

如发现印装质量问题，影响阅读，请与印刷厂联系调换。电话：010-61424266

目录.

二

五

八

当代物理学最前沿采风 118

九

物理学的未来　158

概　述

　　物理学是一门自然科学，主要研究的是物质，在时空中物质的运动和所有相关概念，包括能量和作用力。更广义地说，物理学是对大自然的研究分析，追根溯源，目的在于明白宇宙是怎样运行的和为什么会这样运行。物理学不但要研究宇宙的现在，还要研究宇宙的过去和未来。

　　物理学之所以被人们公认为一门重要的科学，不仅仅在于它对客观世界的规律做出了深刻的揭示，还因为它在发展、成长的过程中，形成了一整套独特而卓有成效的思想方法体系。正因为如此，使得物理学当之无愧地成了人类智能的结晶，文明的瑰宝。

　　物理学是最古老的科学之一。在过去两千年，物理学与哲学、化学等学科经常被混淆在一起，相提并论。直到16世纪科学革命之后，才单独成为一门现代科学。本书第一章讲述经典力学建立的历史进程，主要是牛顿在其中的卓越贡献。

　　本书第二到第五章分别介绍声学、光学、电磁学和热力学等经典物理学内容。

　　在20世纪，物理学有两大成就。其一是相对论，第六章讲述的就是爱因斯坦以一人之力建造起狭义相对论与广义相对论两座理论大厦的经过；其二是量子论，第七章讲述了数位物理学大师在量子论建立过程中各自的丰功伟绩以及种种争论。

　　第八章侧重介绍目前理论物理和应用物理方面的重点和热点，比如平行宇宙和纳米技术。第九章则接着第八章讲述一些过去主要出现在科幻里如今却已经进入物理学家的视野并已对其进行了初步研究的话题，比如时间旅行与曲速飞行。

一　开天辟地——经典力学

1

牛顿的求学之路

　　从古时候起，人们就尝试着理解这个世界：为什么物体会往地上掉，为什么不同的物质有不同的性质，等等。又譬如地球、太阳以及月亮这些星体究竟是遵循着什么规律在运动，并且是什么力量决定着这些规律呢？人们提出了各种理论试图解释这个世界，这便是物理学的雏形。这时候的物理学大多包含在哲学里面，还没有独立出来。

　　在17世纪末期，由于人们乐意对原先持有的真理提出疑问并寻求新的答案，最后导致了重大的科学进展，这个时期现在被称为科学革命。

△　做马德堡半球实验的德国马德堡市长奥托·冯·格里克

　　公元1618年，德国科学家开普勒总结出开普勒三定律。

　　公元1638年，意大利科学家伽利略出版了《两种新科学》。

　　公元1643年，意大利科学家托里拆利做大气压实验，发明了水银气压计。

　　公元1646年，法国科学家帕斯卡用实验验证大气压的存在。

　　公元1654年，德国科学家格里克发明抽气泵，获得真空。

　　公元1662年，英国科学家波义耳实验发现波义耳定律。

△ 艾萨克·牛顿画像

公元1663年，格里克做马德堡半球实验。

这么多的发明和发现，让科学家既兴奋于人类对大自然的认识前进了一步，又困惑于为什么有那么多彼此似乎毫无联系的规律。他们相信，上帝制造的这个世界不会是这么混乱的，他们期待着某个人站出来解释这一切。事实上，这些发明和发现都在等待一个人，等待他把天上和地下的定律合为一体，进而使物理学从哲学中彻底地独立出来。

这个人的名字叫艾萨克·牛顿。

牛顿在小学和中学时学习成绩并不出众，只是爱好读书，对自然现象有着强烈的好奇心，例如颜色、日影四季的移动，尤其是几何学、哥白尼的日心说等等。他还分门别类地记读书笔记，又喜欢别出心裁地做些小工具、小发明、小试验。但因为家庭贫困，他曾经好几次辍学，回家务农，只不过他挡不住学习的诱惑，每次都能说服母亲和继父，让他回到学校继续学习。

牛顿在18岁时完成了中学的学业，并得到了一份完美的毕业报告。1661年6月，他进入了剑桥大学的三一学院。在三一学院，他真正进入了科学的殿堂。

在1665年，22岁的牛顿在前人工作的基础上，提出"流数法"，建立了二项式定理。二项式定理在组合理论、开高次方、高阶等差数列求和以及差分法中有广泛的应用。牛顿发现，二项式定理的背后还隐藏着什么，他正准备深入研究时，最终造成十多万人死亡的伦敦大瘟疫爆发了，学院关闭，牛顿不得不暂时回到家乡，时间长达一年。然而，正是在这一年多的时间里，牛顿对光学、力学、数学有了多方面的研究和突破。苹果砸中牛顿脑袋的故事就发生在这个时期，当然这和很多传说的牛顿的故事一样，是后人编造的。

2 牛顿的贡献（上）

　　牛顿为世界做出的第一个重要贡献是创立了微积分。当时，原有的几何和代数已难以解决生产和自然科学所提出的许多新问题。牛顿意识到需要新的数学工具，于是在二项式定理的基础之上，将古希腊以来求解无穷小问题的种种特殊方法统一为两类算法：正流数术（微分）和反流数术（积分），最终发展成名为"微积分"的数学工具。

　　微积分的出现，成了数学发展中除几何与代数以外的另一重要分支——数学分析（牛顿称之为"借助于无限多项方程的分析"）产生的主要促因，之后数学分析进一步发展为微分几何、微分方程、变分法等等，这些又反过来促进了理论物理学的发展。例如瑞士的伯努利曾征求

△ 剑桥大学三一学院一角

最速降落曲线的解答，这是变分法的最初始问题，半年内全欧数学家无人能解答。1697年的一天，牛顿偶然听说此事，当天晚上轻松解出，并匿名刊登在《哲学学报》上。伯努利惊异地说："从这锋利的爪中我认出了雄狮。"

　　问题是，牛顿没有及时发表微积分的研究成果，德国那边传来消息，莱布尼茨也创建了微积分。此后，为争夺微积分的发明权，竟然引发了一场轩然大波，这种争吵在两者各

自的学生、支持者和数学家中持续了一百多年，造成了欧洲大陆的数学家和英国数学家的长期对立。

后世的研究认为，牛顿和莱布尼茨分别是自己独立研究，在大体上相近的时间里先后完成的。比较特殊的是牛顿创立微积分要比莱布尼茨早十年左右，但是正式公开发表微积分这一理论，莱布尼茨却要比牛顿早三年。他们的研究各有长处，也都各有短处。

德国的莱布尼茨也是一位博学多才的学者。1684年，他发表了现在世界上认为是最早

△ 莱布尼茨对科学的贡献也很大

的微积分文献，这篇文章有一个很长而且很古怪的名字《一种求极大极小和切线的新方法，它也适用于分式和无理量，以及这种新方法的奇妙类型的计算》。就是这样一篇说理也颇含糊的文章，却具有划时代的意义。它已含有现代的微分符号和基本微分法则。莱布尼茨是历史上最伟大的符号学者之一，他所创设的微积分符号，远远优于牛顿的符号，这对微积分的发展有极大的影响。现在我们使用的微积分通用符号就是当时莱布尼茨精心选用的。

事实上，和历史上任何一项重大理论的完成都要经历一段时间一样，牛顿和莱布尼茨的工作都是很不完善的。他们在无穷和无穷小量这个问题上，说法不一，十分含糊。牛顿的无穷小量，有时候是零，有时候不是零而是有限的小量；莱布尼茨的也不能自圆其说。这些基础方面的缺陷，最终导致了第二次数学危机的产生。

直到19世纪初，法国科学家柯西对微积分的理论进行了认真研究，建立了极限理论，后来又经过德国数学家维尔斯特拉斯进一步的严格化，使极限理论成为微积分的坚定基础，这才使微积分真正完善起来。

必须指出的是，在微积分发明优先权的大争辩中，牛顿个人在其中扮演了极不光彩的角色。

3

牛顿的贡献（中）

牛顿对这个世界第二项贡献是在光学上。

牛顿曾致力于颜色的现象和光的本性的研究。1666年，他用三棱镜研究日光，得出结论：白光是由不同颜色（即不同波长）的光混合而成的，不同波长的光有不同的折射率。在可见光中，红光波长最长，折射率最小；紫光波长最短，折射率最大。牛顿的这一重要发现成为光谱分析的基础，揭示了光色的秘密。牛顿还曾把一个磨得很精、曲率半径较大的凸透镜的凸面，压在一个十分光洁的平面玻璃上，在白光照射下可看到，中心的接触点是一个暗

△ 牛顿研究三棱镜

点，周围则是明暗相间的同心圆圈。后人把这一现象称为"牛顿环"。他创立了光的"微粒说"，从一个侧面反映了光的运动性质，但牛顿对光的"波动说"并不持反对态度。

牛顿1672年创制了反射望远镜。他用质点间的万有引力证明，密度呈球对称的球体对外的引力都可以用同质量的质点放在中心的位置来代替。他还用万有引力原理说明潮汐的各种现象，指出潮汐的大小不但同月球的位相有关，而且同太阳的方位有关。牛顿预言地球不是正球体。岁差就是由于太阳对赤道突出部分的摄动造成的。1704年，他出版了

《光学》一书，系统阐述了他在光学方面的研究成果。

牛顿的第三项贡献是发现万有引力定律。

万有引力定律是解释物体之间的相互作用的引力的定律，是物体（质点）间由于它们的引力质量而引起的相互吸引力所遵循的规律，牛顿在前人（开普勒、胡克、雷恩、哈雷等）研究的基础上，凭借他超凡的数学能力证明了这个定律。

该定律可表述如下：任意两个质点通过连心线方向上的力相互吸引。该引力的大小与它们的质量乘积成正

△ 牛顿与苹果的故事其实是虚构的

比，与它们距离的平方成反比，与两物体的化学本质或物理状态以及中介物质无关。

万有引力定律的发现，是17世纪自然科学最伟大的成果之一。它把地面上物体运动的规律和天体运动的规律统一了起来，对其后物理学和天文学的发展具有深远的影响。

万有引力定律揭示了天体运动的规律，在天文学上和宇宙航行计算方面有着广泛的应用。它为实际的天文观测提供了一套计算方法，科学史上哈雷彗星、海王星、冥王星的发现，都是应用万有引力定律取得重大成就的例子。利用万有引力公式加上开普勒第三定律等还可以计算太阳、地球等无法直接测量的天体的质量。牛顿还解释了月亮和太阳的万有引力引起的潮汐现象。他依据万有引力定律和其他力学定律，对地球两极呈扁平形状的原因和地轴复杂的运动，也成功地做出了说明，推翻了古代人类认为的神之引力。

4

牛顿的贡献（下）

当然，终其一生，牛顿最大的成就还是以他名字命名的三大运动定律。牛顿三大运动定律出现在1687年牛顿44岁时出版的《自然哲学的数学原理》一书中。

牛顿第一定律（惯性定律）——任何一个物体在不受外力或受平衡力的作用时，总是保持静止状态或匀速直线运动状态，直到有作用在它上面的外力迫使它改变这种状态为止。

牛顿第二定律（加速度定律）——物体的加速度跟物体所受的合外力成正比，跟物体的质量成反比，加速度的方向跟合外力的方向相同。

牛顿第三定律（作用力和反作用力定律）——两个物体之间的作用力和反作用力，在同一条直线上，大小相等，方向相反。

牛顿三大运动定律出自《自然哲学的数学原理》一书，但这本书可不只有牛顿三大运动定律。

在书中，牛顿实际上是构造了一个人类有史以来最为宏伟的体系，他所说的力，主要是重力，我们今天称之为引力，或万有引力，以及由重力所衍生出来的摩擦力、阻力和海洋的潮汐力等，而运动则包括落体、抛体、球体滚动、单摆与复摆、流体、行星自转与公转、回归点等，简而言之，包括当时已知的一切运动形式和现象。也就是说，牛顿用一个力学原因就能解释从地面物体到天体的所有运动和现象。

在科学史上，《自然哲学的数学原理》是经典力学的第一部经典著作，也是人类掌握的第一个完整的科学的宇宙论和科学理论体系，其影响所及，遍布经典自然科学的所有领域，并在其后300年里一再取得丰硕成果。就人类文明史而言，它成就了英国工业革命，在法国诱发了启蒙运动和大革命，在社会生产力和基本社会制度两方面都有直接而丰富的成果。迄今为止，还没有第二个重要的科学和学术理论，取得过如此之大的成就。

《自然哲学的数学原理》达到的理论高度是前所未有的，其后也不多见。爱因斯坦说过："至今还没有可能用一个同样无所不包的统一概念，来代替牛顿的关于宇宙的统一概念。而要是没有牛顿的明晰的体系，我们到现在为止所取得的收获就会成为不可能。"实际上，牛顿在《自然哲学的数学原理》中讨论的问题及其处理问题的方法，至今仍是大学数理专业中教授的内容，而其他专业的学生学到的关于物理学、数学和天文学的知识，无论在深度和广度上都没有达到《自然哲学的数学原理》的境界。

凡此种种，都决定了《自然哲学的数学原理》这部著作的永恒价值。

当然，牛顿也不可能毫无错误。由于受时代的限制，牛顿基本上是一个形而上学的机械唯物主义者。他认为运动只是机械力学的运动，是空间位置的变化；宇宙和太阳一样是没有发展变化的；靠着万有引力的作用，恒星永远在一个固定不变的位置上。这些错漏成为后人进入物理新境界的钥匙。

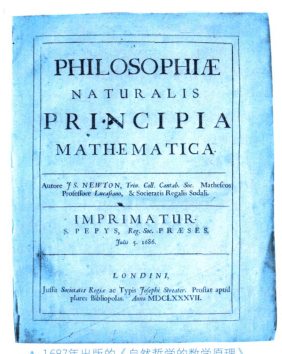

△ 1687年出版的《自然哲学的数学原理》

5
牛顿的哲学思想和科学方法

　　牛顿在科学上的巨大成就连同他的朴素唯物主义哲学观点和一套初具规模的物理学方法论体系，给物理学及整个自然科学的发展，给18世纪的工业革命、社会经济变革及机械唯物论思潮的发展以巨大影响。

　　牛顿在科学方法论上的贡献正如他在物理学中的贡献一样，不只是创立了某一种或两种新方法，而是形成了一套研究事物的方法论体系，提出了几条方法论原理。在牛顿《自然哲学的数学原理》一书中集中体现了以下几种科学方法：

　　（1）实验——理论——应用的方法

　　牛顿在《自然哲学的数学原理》序言中说："哲学的全部任务看来就在于从各种运动现象来研究各种自然之力，而后用这些方法论证其他的现象。"牛顿将实际世界与其简化数学表示反复加以比较。他既是从事实验和归纳实际材料的巨匠，也是将其理论应用于天体、流体、引力等实际问题的能手。

　　（2）分析——综合方法

　　分析是从整体到部分（如微分、原子观点），综合是从部分到整体（如积分，也包括天与地的综合、三条运动定律的建立等）。牛顿在《自然哲学的数学原理》中说过："在自然科学里，应该像在数学里一样，在研究困难的事物时，总是应当先用分析的方法，然后才用综合的方法……一般地说，从结果到原因，从特殊原因到普遍原因，一直论证到最普遍的原因为止，这就是分析的方法；而综合的方法则假定原因已找到，并且已经把它们定为原理，再用这些原理去解释由它们发生的现象，并证明这些解释的正确性。"

（3）归纳——演绎方法

上述分析——综合法与归纳——演绎法是相互结合的。牛顿从观察和实验出发，"用归纳法去从中得出普通的结论"，即得到概念和规律，然后用演绎法推演出种种结论，再通过实验加以检验、解释和预测，这些预言的大部分都在后来得到证实。当时牛顿表述这些定律用的是"公理"，既表明由归纳法得出的普遍结论，又可用演绎法去推演出其他结论。

（4）物理——数学方法

牛顿将物理学范围中的概念和定律都"尽量用数学演出"。爱因斯坦说："牛顿第一个成功地找到了一个用公式清楚表述的基础，从这个基础出发，他用数学的思维，逻辑地、定量地演绎出范围很广的现象并且同经验相符合。""只有微分定律的形式才能完全满足近代物理学家对因果性的要求，微分定律的明晰概念是牛顿最伟大的理智成就之一。"

牛顿把他的书称为《自然哲学的数学原理》正好说明这一点。

△ 牛顿位于威斯敏斯特教堂的墓地

牛顿的方法论原理集中表述在《自然哲学的数学原理》第三篇"哲学中的推理法则"的四条法则中。概括起来，可以称之为简单性原理（法则1），因果性原理（法则2），普遍性原理（法则3），否证法原理（法则4，无反例证明者即成立）。有人还主张把牛顿下面这段话的思想称为结构性原理："自然哲学的目的在于发现自然界的结构的作用，并且尽可能把它们归结为一些普遍的法规和一般的定律——用观察和实验来建立这些法则，从而导出事物的原因和结果。"

牛顿的哲学思想和方法论体系被爱因斯坦赞为"理论物理学领域中每一工作者的纲领"。这是一个指引着一代又一代科学工作者前进的开放的纲领。但牛顿的哲学思想和方法论只是科学处于幼年时代的最高成就，不可避免地存在着明显的时代局限性和不彻底性。

6 经典力学的创立

力学是物理学中发展较早的一个分支。古希腊著名的哲学家亚里士多德曾对"力和运动"提出过许多观点，他的著作一度被当作古代世界的百科全书，在西方有着极大的影响，以致他的很多错误观点在长达2000年的岁月中被大多数人所接受。

16世纪到17世纪，人们开始通过科学实验，对力学现象进行准确的研究。许多物理学家、天文学家如哥白尼、布鲁诺、伽利略、开普勒等，做了很多艰巨的工作，使力学逐渐摆脱传统观念的束缚，有了很大的进展。这当中，有三个人的名字值得牢记：

——16世纪后期，伽利略的望远镜使人们对行星绕太阳的运动进行了详细、精密的观察；

——17世纪开普勒从这些观察结果中总结出了行星绕日运动的三条经验规律；

——差不多在同一时期，伽利略进行了落体和抛体的实验研究，从而提出关于机械运动现象的初步理论。

艾萨克·牛顿深入研究了这些经验规律和初步的现象性理论，发现了宏观低速机械运动的基本规律，即牛顿三大运动定律，把天体力学和地球上物体的力学统一起来，为经典力学奠定了基础。亚当斯根据对天王星的详细天文观察，并根据牛顿的理论，预言了海王星的存在，以后果然在天文观察中发现了海王星。于是牛顿所提出的力学定律和万有引力定律被普遍接受了。

牛顿和大多数那个年代的同仁，都认为经典力学应可以诠释所有大自然显示的现象，包括用其分支——几何光学——来解释光波。甚至于当他发现了"牛顿环"—— 一种只能用光的波动说解释的现象——他仍然坚持使用光的微粒学说来解释。

现在认为，经典力学是力学的一个分支。经典力学是以牛顿三大运动定律为基础，在宏观世界和低速状态下，研究物体运动的基本学术。经典力学又分为静力学（描述静止物体）、运动学（描述物体运动）和动力学（描述物体受力作用下的运动）。

有很多科学家在完善经典力学的过程中做出了重大贡献，他们都是以牛顿和莱布尼茨创立的微积分作为研究力学所必备的数学工具。这就像一场精彩绝伦的接力赛，当牛顿跑完了绝妙的第一棒之后，无数的科学家接过了接力棒，继续往下跑：

——1738年，伯努利出版了《流体力学》，解决了流体运动问题；

——达朗贝尔进而于1743年出版了《力学研究》，把动力学问题化为静力学来处理，提出了所谓达朗贝尔原理；

——莫培督接着在1744年提出了最小作用原理。

经典力学把解析方法进一步贯彻到底的是拉格朗日1788年的《分析力学》和拉普拉斯的《天体力学》(在1799—1825年间完成)。前者虽说是一本力学书，可是没有画一张图，自始至终采用的都是纯粹的解析法，因而十分出名，运用广义坐标的拉格朗日方程就在其中。后者专门用牛顿力学处理天体问题，解决了各种各样的疑难。《分析力学》和《天体力学》可以说是经典力学的真正巅峰。

就这样，经过牛顿的精心构造和后人的着意雕饰，到了18世纪初期，经典力学这一宏伟建筑巍然矗立，无论外部造型，还是内藏珍品，在当时的科学建筑群中都是无与伦比的。经典力学正确地反映了弱引力情况下低速宏观物体运动的客观规律，使人类对物质运动的认识大大地向前跨进了一步。

△ 现代物理学的奠基人伽利略

二　来去无踪的隐身人
——声的故事

1 我们怎样听见声音

声音是人类最早研究的物理现象之一，声学是经典物理学中历史最悠久的分支学科。

从上古起直到19世纪，都是把声音理解为可听声的同义语。《吕氏春秋》记载，黄帝令伶伦取竹作律，增损长短成十二律；伏羲作琴，三分损益成十三音。三分损益法就是把管(笛、箫)加长1/3或减短1/3，听起来都很和谐，这是最早的声学定律。在以后的两千多年中，对乐律的研究有不少进展。

明朝朱载堉于1584年提出的平均律，与当代西方乐器制造中使用的乐律完全相同，但比西方早提出300年。古代除了对声传播方式的认识外，对声本质的认识与今天完全相同。在东西方，都认为声音是由物体运动产生的，在空气中以某种方式传到人耳，引起人的听觉。

对声学的系统研究是从17世纪初伽利略研究单摆周期和物体振动开始的。从那时起直到19世纪，几乎所有杰出的物理学家和数学家都对研究物体振动和声的产生原理做过贡献。

△ 小提琴能拉出美妙的音乐全靠琴弦的振动

一个最基本的声学问题就是我们怎样听到声音。

现在认为，听觉过程涉及生理声学和心理声学。能定量地表示声音在人耳产生的主观量（音调和响度），并求得与物理量（频率和强度）的函数关系，这是心理物理研究的重大成果。还建立了测听技术和耳鼓声阻抗测量技术，这是研究中耳和内耳病变的有效工具。在听觉研究中，所用的设备很简单，但所得结果却惊人的丰富。

1961年，物理学家贝凯西曾由于在听觉方面的研究工作获得诺贝尔医学或生理学奖，这是物理学家在边缘学科中的工作受到了承认的例子。由于对神经系统和大脑的确切活动和作用机理不明，还未形成完整的听觉理论，但这方面已引起了很多声学工作者的重视，从20世纪50年代以来已取得很大成绩。

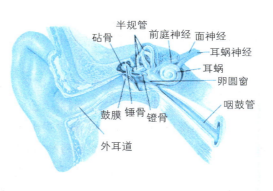

△ 耳朵的结构

通过大量的生理、心理物理实验可得出若干结论，并提出一些设想：声音到达人耳后，耳把它转换为机械振动，经中耳放大后再到达内耳，使蜗管中的基底膜发生共振。传感单元是基底膜上的内外两排毛细胞。外毛细胞基本是一排化学放大器，把振动传到内毛细胞，激发其弯曲振动，振动达到某阈值以上时，与内毛细胞接触的神经末梢就发出电脉冲，把信号通过神经系统送入大脑。与内毛细胞联结的神经核主要对基底膜振动速度响应，而外毛细胞响应于基底膜的位移。神经信号为几十毫伏的电脉冲，脉冲延续时间为几十毫秒。信号就通过神经脉冲送入大脑，从大脑再把信号分配到大脑皮层的各个中心，进行储存、分析、积分或抛弃。这是初步的理解，要建立起完整的听觉理论，解释所有听觉现象，还需要做大量的工作，并且涉及对大脑功能的研究。

2
声音的速率

　　两千多年前，中国人和西方国家许多人都注意到声音的传播是需要时间的。那么，声音的传播速率是多少呢？1635年，有人用枪声来测声速，但受测试条件的限制，结果很不理想。于是，很多科学家试图通过计算来算出声速。

　　牛顿根据振动物体要推动邻近媒质，后者又推动它的邻近媒质等等，经过复杂而难懂的推导，求得声速应等于大气压与密度之比的二次方根。欧拉在1759年根据这个概念提出更清楚的分析方法，求得牛顿的结果。但是由此算出的声速只有每秒288米，与实验值相差很大。

　　1816年，拉普拉斯指出，只有在声波传播过程中空气温度不变时，牛顿的推导才正确，而实际上在声波传播过程中空气密度变化很快，不可能是等温过程，而应该是绝热过程。据此算出声速的理论值与实验值就完全一致了。

　　在用理论计算声速的同时，科学家依然在尝试实际测算声速。1708年的时候，英国人德罕姆站在一座教堂的顶楼，注视着19千米外正在发射的大炮，他计算大炮发出闪光到听见轰隆声之间的时间，经过多次测量后取平均值，得到的结果是在20℃时，声音每秒可跑343米。1738年，巴黎科学院用炮声测量，测得结果折合到0℃时，声速为每秒332米，与最准确的数值每秒331.45米只差一点点，这在当时的声学仪器只有表和人耳情况下，的确是了不起的成绩。

　　可能你已经注意到了，刚才说声速的时候，提到了两个温度：20℃和0℃。为什么测声速要提温度呢？原因是：声速与介质的性质和状态有关。在压缩性小的介质中的声速大于在压缩性大的介质中的声速。介质状态不同，声速也不同，而空气的压缩性与温度息息相关。温度越高，空气的压缩性越小，声音的传播速率就越大；反之，温度越低，空气的压缩性越大，声音的传播速率就越小。

现在，对于声速的标准定义是：空气中的声速在1个标准大气压和15℃的条件下约为340米/秒。人们一度认为，飞机的飞行速率无法超越声速，将其称之为"音障"，但最终，执着而勇敢的工程师们制造出了速率远超声速的飞机，未来还要冲击10倍乃至20倍的音速。

△ 飞机突破音障的瞬间

声音可不只是能在空气里传播，它还能在很多介质里传播，速率也各有不同。研究表明，液体（像水）、固体（像木材、玻璃、钢铁）等等，也都是声音传播的介质，而且因为液体、固体的分子排列得较紧密，因此传递声音的速率都比空气来得快。声音在水中的传播速率大约是在空气中的5倍，25℃的海水里，测得的声速是每秒1 531米。声音在钢中传播则比空气中快上将近20倍，达到每秒3 750米。声音在大理石中的传播速率为每秒3 810米，在铝棒中为每秒5 000米，在铁棒中为每秒5 200米。

3
奇妙的共鸣

我们知道，正像水波是水的波动一样，声波是空气的波动。每秒钟疏密变化的次数叫作频率。相邻的两个密部或疏部之间的距离叫作波长。声音的频率越高，或者说波长越短，听起来音调就越高。

一般来说，声音是由物体的振动引起的。例如打鼓的时候，鼓皮一上一下地振动，于是在空气中引起声音。不同物体振动产生不同频率的声音。比如大鼓和小鼓的声音，频率就不一样。

有趣的是，两个发声频率相同的物体，如果彼此相隔不远，那么使其中一个发声，另一个也就有可能跟着发声，这种现象就叫共鸣。我们经常会发现教室的某一窗户对某个声音产生反应，产生振动；房间里的某一金属或玻璃物体对特定的人声或乐器声也会产生类似的响应。这就是共鸣。

共鸣一词指一物体对一个特定音的响应，即这一物体由于那个音而振动。如果把两个相同的音叉放置在彼此靠近的地方，其中一个发声，另一个会产生相应振动，也发出这个音。这时，首先发音的音叉就是声音发生器，随后发声的音叉就是共鸣器。

更有趣的是，随便什么容器里的空气（叫作空气柱），

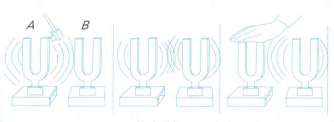

△ 共鸣现象

都会同发声物体共鸣。根据声学家的研究，只要波长等于空气柱长度的4倍，或4/3、4/5……的声音，传入容器后就能引起共鸣。

　　我们周围是一个声音的世界，无时无刻不存在各种波长的声音：人和动物的声音，风和流水的声音，机器和车子的声音。在这许多的声音里，总有可以引起各种容器共鸣的声音。微弱的声音经过共鸣以后就被加强了。一般总是同时有多种波长的声音在那里面发生共鸣。这就是为什么我们的耳朵凑近热水瓶胆或者海螺时会听见声音的原因。

　　如果容器有所破损，使原有的空气柱的完整性遭到某种破坏，那么，共鸣的声音也会有所变化。因此，人们往往通过聆听"嗡嗡"声来检查热水瓶是否有所破损，是否保温效果好。

△ 大型音乐厅的设计必须考虑共鸣

　　共鸣有时也指地板、墙壁及大厅顶棚对演奏或演唱的任何音而不局限于某个音的响应。一个大厅共鸣过分或是吸音过强都会使表演者和观众有不适感。

　　墙壁和顶棚的制造材料应是既回响不过分又吸音不太强。声学工程师已经研究出建筑材料的吸音综合效能系数，但是吸音能力很难在音高的整体幅面统一贯穿进行。只有木头或某些声学材料对整个频率范围有基本均等的吸音能力。放大器和扬声器可以用来——如今经常这样使用——克服建筑物原有设计不完善所带来的问题。大多数现代大厅建筑都可以进行电子"调音"，并备有活动面板、活动天棚和混响室，可适应任何音乐类型的演出。

4

听不见的超声波

你知道吗？并不是所有的声音你都能听见。

刚才我们已经知道，声波是物体机械振动状态（或能量）的传播形式。所谓振动是指物质的质点在其平衡位置附近进行的往返运动形式。但如果振动的速率过快，超过每秒20 000次以上，人耳就听不见了，科学家们将这种听不见的声波叫作超声波。

△ 蝙蝠能听到超声波

超声波和可闻声本质上是一致的，都是一种机械振动模式。其不同点是超声波频率高，波长短，在一定距离内沿直线传播，具有良好的束射性和方向性。

超声波在媒质中的反射、折射、衍射、散射等传播规律，与可听声波的规律没有本质上的区别。但是超声波的波长很短，只有几厘米，甚至千分之几毫米。与可听声波比较，超声波具有许多奇异特性：

（1）**传播特性**

超声波的波长很短，通常的障碍物的尺寸要比超声波的波长大好多倍，因此超声波的衍射本领很差，它在均匀介质中能够定向直线传播，超声波的波长越短，该特性就越显著。

（2）功率特性

当声音在空气中传播时，推动空气中的微粒往复振动而对微粒做功。声波功率就是表示声波做功快慢的物理量。在相同强度下，声波的频率越高，它所具有的功率就越大。由于超声波频率很高，所以超声波与一般声波相比，它的功率是非常大的。

（3）空化作用

超声波会使液体的温度骤然升高，起到了很好的搅拌作用，从而使两种不相溶的液体（如水和油）发生乳化，且加速溶质的溶解，加速化学反应。这种由超声波作用在液体中所引起的各种效应称为超声波的空化作用。

（4）机械效应

超声波的机械作用可促成液体的乳化、凝胶的液化和固体的分散。当超声波流体介质中形成驻波时，悬浮在流体中的微小颗粒因受机械力的作用而凝聚在波节处，在空间形成周期性的堆积。超声波在压电材料和磁致伸缩材料中传播时，由于超声波的机械作用还会引起感生电极化和感生磁化。

研究超声波的产生、传播、接收以及各种超声效应和应用的声学分支叫超声学。产生超声波的装置有机械型超声发生器（例如气哨、汽笛和液哨等）、利用电磁感应和电磁作用原理制成的电动超声发生器、利用压电晶体的电致伸缩效应和铁磁物质的磁致伸缩效应制成的电声换能器等。

超声波在医学、军事、工业、农业上有很多的用途。比如，在医学方面，像现在的彩超、B超、碎石机（例如胆结石、肾结石）、祛眼袋手术之类都是用的超声波，超声波还能破坏细菌结构，对物品进行杀菌消毒。

△ 雷达使用的就是超声波

5
可怕的次声波

与超声波恰好相反，次声波的振动频率低于人耳能听到的极限。科学家把频率小于20赫兹的声波叫作次声波。

次声波的特点之一是来源广。在自然界中，海上风暴、火山爆发、大陨石落地、海啸、电闪雷鸣、波浪击岸、水中漩涡、空中湍流、磁暴、极光、地震等都可能伴有次声波的发生。在人类活动中，诸如核爆炸、导弹飞行、火炮发射、轮船航行、汽车争驰、高楼和大桥摇晃，甚至像鼓风机、搅拌机、扩音喇叭等在发声的同时也都能产生次声波。

次声波的特点之二是传播远。次声波频率很低，波长却很长，传播距离也很远。例如，1883年8月，南苏门答腊岛和爪哇岛之间的克拉卡托火山爆发，产生的次声波绕地球三圈，全长十多万千米，历时108小时。

次声波的特点之三是具有极强的穿透力。次声波不仅可以穿透大气、海水、土壤，而且还能穿透坚固的钢筋水泥构成的建筑物，甚至连坦克、军舰、潜艇和飞机都不在话下。

次声波的危害很大。次声波如果和周围物体发生共振，会放出相当

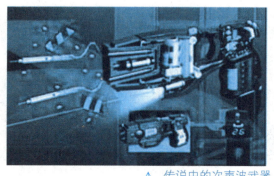

△ 传说中的次声波武器

大的能量。科学家观察到，地震或核爆炸所产生的次声波可将岸上的房屋摧毁。最为可怕的是，人体器官特别容易与次声波产生共振，从而干扰人的神经系统的正常工作，危害人体健康，使人耳聋、昏迷、精神失常甚至死亡。

但是不要就此把次声波想象成来无踪去无影的"杀人魔鬼"。经过数十年的研究，科学家对于次声接收、抗干扰方法、定位技术、信号处理和传播等方面的研究都有了很大的发展，次声波的应用也逐渐受到人们的注意。其实，次声波的应用前景十分广阔，大致有以下几个方面：

△ 水母能听见次声波

第一，研究自然次声的特性和产生机制，可以预测自然灾害性事件。例如台风和海浪摩擦产生的次声波，人们利用一种叫"水母耳"的仪器，即可在风暴到来之前发出警报。

第二，通过测定自然或人工产生的次声在大气中传播的特性，可探测某些大规模气象过程的性质和规律。如沙尘暴、龙卷风及大气中电磁波的扰动等。

第三，通过测定人和其他生物的某些器官发出的微弱次声的特性，可以了解人体或其他生物相应器官的活动情况。例如人们研制出的"次声波诊疗仪"可以检查人体器官工作是否正常。

第四，次声在军事上也有重要的应用。利用次声的强穿透性制造出能穿透坦克、装甲车的次声武器，一般只伤害人员，不会造成环境污染。

有意思的是，人耳听不见次声波，某些动物却可以。狗、大象、鲸鱼和水母是其中的佼佼者。在地震或者其他地质灾难发生之前，往往会产生次声波，这些动物听见了，预感到地震的发生，于是表现出种种异常举动。这为人们预测地震提供了依据。

6 声波武器

△ 声波，杀人于无形

声脉冲对人体的伤害取决于它的能量与攻击目标之间的距离，轻者可以使人有被轻轻拍打或沉重一击的感觉；重者能让人喘不过气来、头痛、休克，甚至窒息死亡。另外，声波武器还可整夜对目标进行干扰，让强烈的声波通过人的身体，使人彻夜难眠。连续的失眠会导致人无法完成工作任务。

声波武器可以分为几类：

次声波武器 大功率的次声波能令内脏产生强烈共振，使人感到恶心、头痛、呼吸困难，甚至会导致血管破裂、内脏损伤，而且能像电磁波一样绕开障碍物发生衍射，杀伤范围很大，但难以控制方向。

强声波武器 能发出足以威慑来犯者或使来犯者失去行动能力的强声波，而不会对人体造成长期的危害。它主要用于保护军事基地等重要设施。

超声波武器 大功率的超声波的作用效果与次声波差不多，但传递方向性比次声波好，几乎沿直线传播，容易控制，直线穿透能力强，但杀伤范围小。能利用高能超声波发生器产生高频声波，造成强大的空气压力，使人产生视觉模糊、恶心等生理反应，从而使人员战斗力减弱或完全丧失作战能力。这种武器甚至能使门窗玻璃破碎。

噪声波武器 当人没有任何保护的情况下处在音量在120分贝以上的环境中时会感到不适或损伤听力系统。当音量上升到150分贝以上时，处在这种环境中的人将出现鼓膜破裂出血，失去听力，甚至还会精神失常。噪声波武器利用的就是这个原理。它也可以分为两种。一种是专门用来对准敌方指挥部的定向噪声波武器，它利用小型爆炸产生的噪声波来麻痹敌方指挥人员的听觉和中枢神经，必要时可使人员在两分钟内昏迷。另一种是噪声波炸弹，它同样可以麻痹人的听觉和中枢神经，使人昏迷，主要用于对付劫机等恐怖分子活动，据称效果很好。

集束声波脉冲 利用流体压缩技术把高能声波加载在高速推进的流体上，令高速推进的流体像冲击波一样而且又带有高能声波的特性。因为声波枪发出的精细高能声波束能使恐怖分子晕头转向，丧失劫机能力，同时又不会对飞机和其他机上人员造成伤害，所以它能在航空安全领域大显身手。

早在2003年的伊拉克战争中，美国陆军就在战场上尝试使用声波武器。在亚丁湾打击索马里海盗的护航任务中，中国海军第五批护航编队的护航舰艇上装备了声波武器——"金嗓子"，对索马里海盗构成了有效威慑。英国在2012年伦敦奥运会期间，也大量部署声波武器用于安保。

△ 美国已广泛使用定向声波武器等"非杀伤性武器"

7
声音也会污染

噪声有害

Caution harmful noise

△ 噪声有害的标识

噪声污染是环境污染的一种，与水污染、大气污染、固体废弃物污染被看成是世界范围内四大主要环境问题。

对人而言，噪声首先会对听力造成损伤。

如果人们长期在强噪声环境下工作，听觉疲劳不能得到及时恢复，内耳器官会发生器质性病变，即形成永久性听阈偏移，又称噪声性耳聋。如果人突然暴露于极其强烈的噪声环境中，听觉器官会发生急剧外伤，引起鼓膜破裂出血、内耳出血、螺旋器从基底膜急性剥离，可能使人耳完全失去听力，即出现爆震性耳聋。

其次，噪声会诱发多种疾病。

因为噪声通过听觉器官作用于大脑中枢神经系统，以致影响到全身各个器官，故噪声除对人的听力造成损伤外，还会给人体其他系统带来危害。由于噪声的作用，会产生头痛、脑涨、耳鸣、失眠、全身疲乏无力以及记忆力减退等神经衰弱症状。长期在高噪声环境下工作的人与低噪声环境下的情况相比，高血压、动脉硬化和冠心病的发病率要高2～3倍。可见，噪声会导致心血管系统疾病。噪声也可导致消化系统功能紊乱，引起消化不良、食欲不振、恶心呕吐，使肠胃病和溃疡病发病率升高。

此外，噪声对视觉器官、内分泌机能及胎儿的正常发育等方面也会产生一定影响。孕妇长期处在超过50分贝的噪声环境中，会使内分泌腺体功能紊乱，并出现精神紧张和内分泌系统失调。严重的会使血压升高、胎儿缺氧缺血，导致胎儿畸形甚至流产。

第三，噪声对日常生活的干扰极大。

噪声对人的睡眠影响极大。人即使在睡眠中，听觉也要承受噪声的刺激。噪声会导致多梦、易惊醒、睡眠质量下降等，突然的噪声对睡眠的影响更为突出。实验表明，当人受到突然而至的噪声干扰，一次就会丧失4秒钟的思想集中。噪声会分散人的注意力，导致反应迟钝，容易疲劳，工作效率下降，差错率上升。噪声还会掩蔽安全信号，如报警信号和车辆行驶信号等，以致造成事故。

与其他三种污染相比，噪声属于感觉公害，必须使用特殊的方法进行控制。

为减小噪声对四周环境和人类的影响，主要噪声控制方式有对噪声源、噪声的传播路径及接收者三者进行隔离或防护，将噪声的能量进行阻绝或吸收。例如马达加装防震的弹簧或橡胶吸收振动，或者包覆整个马达。传播的路径一般都是使用隔音墙阻绝噪声的传播。

世界各国的政府通常也有相应的法律或规定以管制过量的噪声。1996年，我国颁布了《中华人民共和国环境噪声污染防治法》，对噪声污染的各个方面进行了规范。

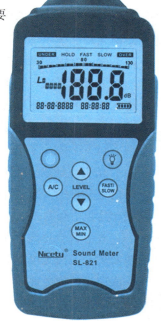

噪声监测器 ▷

27

三 七色虹的影子
——光的传奇

1
光的本质是什么（上）

虽然光无处不在，但你知道光到底是什么吗？

毕达哥拉斯最早把光解释为光源向四周发射的一种东西，遇到障碍物即被弹开，弹入人眼即让人感觉到最后一个将光弹开的障碍物。

笛卡尔在《屈光学》中提出了光的折射定律的数学几何形式表达，他同时留下了对光的两种可能解释。一是说光是类似于微粒的物质；二是说光是一种以"以太"为媒质的压力，即可能是波。光究竟是什么？成了遗留给后人的问题。

光可能是波，意大利科学家格里马蒂如是说。他让一束光穿过两个小孔并投影到暗室屏幕上，结果发现在投影屏幕上有明暗相间的条纹。这和水波的衍射非常相似，说明了光的波动性。他还认为物体之所以显现不同颜色是因为有着不同频率的光。

光应该是波，英国物理学家胡克说。因为他用肥皂泡和薄云母重复了格里马蒂的实验，他认为"光是以太的一种纵向波"，而且光的颜色就和其频率有关。

光怎么会是波？明明是粒子嘛，英国物理学家牛顿说。1666年，牛顿发现一束白光可以分成不同颜色的光，而不同的单色光也可以合成还原成白光，为此他成功地解释了光的色散现象。牛顿的分光实验让光学从几何光学跨入了物理光学。牛顿认为光应该是由微粒组成的，并且走

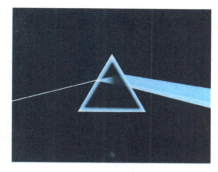

最快速的直线路径，光的分解和合成就是不同颜色的微粒分开和混合的结果。

惠更斯则反对光是微粒的说法，他提出"光同声一样，是以球形波面传播的"。

那么光的微粒说与波动说谁正确呢？

19世纪初，托马斯·杨圆满地解释了"薄膜颜色"和双狭缝干涉现象。菲涅耳于1818年以杨氏干涉原理补充了惠更斯原理，由此形成了今天为人们所熟知的惠更斯-菲涅耳原理，用它可以圆满地解释光的干涉和衍射现象，也能解释光的直线传播。

△ 三棱镜将阳光还原

波动说先胜一局。

然而，在进一步的研究中，菲涅耳观察到了光的偏振和偏振光的干涉。为了解释这些现象，他假定光是"以太"中传播的横波，但为说明光在不同媒质中的不同速率，又必须假定"以太"的特性在不同的物质中是不同的。此外，还必须给"以太"以更特殊的性质才能解释光不是纵波。这使得事情变得无比复杂，并不符合物理学简洁化的原则。

波动说面临着空前的危机。

1896年，洛伦兹创立电子论。他从前辈那里继承了"以太"说。他认为"以太"乃是广袤无垠的不动的媒质，其唯一特点是，在这种媒质中光振动具有一定的传播速率。但是，早在1887年，迈克尔孙和莫雷用光学干涉仪测"以太风"，得到否定的结果。也就是说"以太"子虚乌有，根本就不存在。

难道微粒说就是正确的？

2

光的本质是什么（下）

△ 普朗克对量子力学的
创立贡献很大

波动说遇到重大挫折，是否就可以说明微粒说是正确的呢？科学家们的想法可不是"非此即彼"这么简单，他们想得更为深远。

1900年，普朗克从物质的分子结构理论中借用不连续性的概念，提出了辐射的量子论。他认为各种频率的电磁波，包括光，只能以各自确定分量的能量从振子射出，这种能量微粒称为量子，光的量子称为光子。

量子论不仅很自然地解释了灼热体辐射能量按波长分布的规律，而且以全新的方式提出了光与物质相互作用的整个问题。量子论不但给光学，也给整个物理学提供了新的概念，所以通常把它的诞生视为近代物理学的起点。

1905年，爱因斯坦运用量子论解释了光电效应。他给光子做了十分明确的定义，特别指出光与物质相互作用时，光也是以光子为最小单位进行的。由此，牛顿的微粒说得到了全面复活。

那么波动说就因此退出了历史舞台了吗？

没有。因为在随后的研究中，一方面有科学家从光的干涉、衍射、偏振以及运动物体的光学现象确证了光是电磁波；而另一方面又有科学家从热辐射、光电效应、光压以及光的化学作用等无可怀疑地证明了光的量子性。

那到底光的本质是波，还是量子呢？科学家们拿着各自的证据，争论不休。1925年5月，海森堡从光谱线的分立性入手，采用矩阵作为描述量子运动的数学工具，创立了矩阵力学。这种学说强调光的不连续性，基本思想是光的微粒说。然而，就在人们以为微粒说将从已经持续了数百年的争论中胜出时，薛定谔从德布罗意的物质波的观念出发得出了描述自由粒子运动的波动方程。这种学说从推广经典理论出发，强调光的连续性，基本思想是波动说。

△ 薛定谔最终发现了矩阵力学与波动力学的内在联系

令人奇怪的是，尽管矩阵力学和波动力学的出发点、表达描述及数学方法都不大相同，但在处理微观体系运动的问题上却得到了相同的结果。这是为什么呢？难道两种学说都是正确的？1926年3月，薛定谔反复研究了海森堡的矩阵力学之后，终于找到了这两种力学的内在联系。

简单地说，光有时候表现为波，有时候表现为量子，至于什么时候表现为波，什么时候表现为量子，没人知道。科学家们称之为"光的波粒二象性"。于是，一切皆是粒子，一切又皆是波。关于光的粒子说和波动说的论战逐渐变成了遥远的传说，只在历史的长河中，留下了无数智者的身影，照耀着后人前行。

虽然对光的本质没有最后定论，但现代物理学中的两个最重要的基础理论——量子力学和狭义相对论——都是在关于光的本质研究中诞生和发展的。这说明了什么呢？说明在追寻世界本质的过程中，我们也许一时之间找不到答案，但在寻找的过程中，完全可以有其他收获。

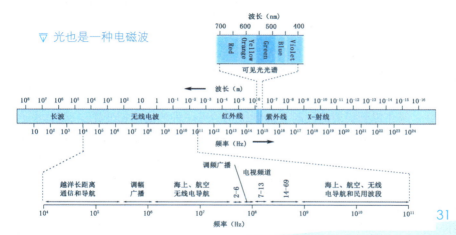

▽ 光也是一种电磁波

3
光的传播及其应用

　　很早以前，人们就知道光沿直线传播。然而，光沿直线传播是有前提条件的，那就是必须在：1）均匀介质里，2）同种均匀介质里。因此，准确的说法是"光的直线传播"，而不能说"光沿直线传播"。

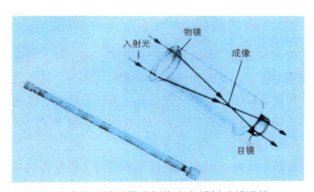

△ 伽利略利用折射原理制作出来折射式望远镜

　　在非均匀介质中，光一般是按曲线传播的。

　　光从一种均匀介质斜射入另一种均匀介质时，传播方向发生偏折。这种光的方向发生改变的现象被称为折射。当我们把一根筷子插进装满水的杯子里时，就能观察到这一现象——筷子好像从入水处"折断"了。这是因为，在筷子入水的地方，两种介质的交界处，同时发生了光的折射与光的反射，只是反射光返回原介质（空气）中，而折射光则进入另一种介质（水）中，由于光在两种不同的物质里传播速率不同，因此，看上去在两种介质的交界处（筷子入水的地方）传播方向发生了变化。

　　刚才提到折射的同时又提到了光的另一种传播路径变化：反射。

　　反射是指光在传播到不同物质中时，在分界面上改变传播方向又返回原来物质中的现象。反射物质的特征决定了反射的结果有所不同。平行光线射到光滑表面上时反射光线也是平行的，这种反射叫作镜面反射，而如果平行光线射到凹凸不平的表面上，反射光线就射向各个方向，这种反射叫作漫反射。

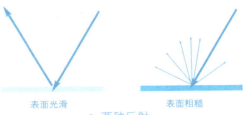

表面光滑　　　　　表面粗糙

△ 两种反射

对人类来说，光的最大规模的反射现象发生在月球上。我们知道，月球本身是不发光的，它只是反射太阳的光。战国时的著作《周髀》里就明确指出："日照月，月光乃生，成明月。"西汉时人们干脆说"月如镜体"，可见当时对光的反射现象有了深一层的认识。

当然，最常见的反射显然发生在镜子里。

我们日常生活所用的镜子均为玻璃制成的平面镜，如果镜子不是平面的，而是球面的，又会发生什么事情呢？根据反射面呈凹形和凸形的不同，球面镜分为凹球面镜和凸球面镜。

凹球面镜能使一束平行光线反射后交于一点，这个过程叫聚焦，这一点叫作焦点。由于太阳光线中带有热能，聚于一点投到物体，不但亮度大，而且发热多，能使物体温度升高而着火。在中国古代，凹球面镜是人们主要的取火工具。

凸球面镜是发散镜，焦点是个虚焦点。一束光照射到凸球面镜上，光线会被反射到四面八方。汽车的后视镜为了让司机看到更大的范围，就使用了凸球面镜。

光的反射和折射是光在传播过程中发生的两件最基本的事情。很多自然现象，比如彩虹、海市蜃楼、峨眉山的佛光、日晕、月晕等，其实都是发生在大气中的反射与折射。

城市公路转角处常见的凸球面镜 ▷

4
镜子的故事

镜子之所以能照出人像，是因为背后有一层膜。那这层膜是什么呢？在不同时期这个问题有不同答案。

三百多年前，玻璃镜问世时，镜子后面涂的是水银。玻璃镜比青铜镜前进了一大步，很受欢迎，一时竟成了王公贵族竞相购买的宝物。

不过，涂水银的镜子反射光线的能力还不很强，制作费时，水银又有毒，所以后来被银取代了。当时，银不是手工涂上去的，也不用电镀，它是靠化学上的"银镜反应"涂上去的。在硝酸银的氨水溶液里加进葡萄糖水，葡萄糖把看不见的银离子还原成银微粒，沉积在玻璃上做成银镜，最后再刷上一层漆就行了。这时，问题的答案是："镜子背面的东西不是水银，是银。"

当然，银也很贵，普通人买不起银镜子，只有达官贵人才能享用。因此，工匠们又开始寻找。他们找到了铝。铝是一种银白闪亮的金属，比贵重的银便宜得多。制造铝镜，是在真空中使铝蒸发，铝蒸气凝结在玻璃面上，成为一层薄薄的铝膜。现在，你该回答："镜子背后是铝膜。"这种铝镜价廉物美，于是很快进入千家万户。

你看，简单如镜子背后的膜也有很多故事哟。

要是镜子背后没有铝膜，镜子就变成了透明的玻璃，照

△ 在玻璃镜子发明以前，中国人长期使用铜镜，其背后完全是工艺品

出的人像是虚的。这是因为大部分光从玻璃穿过了，只有很少一部分光被玻璃反射了。如果这个玻璃不是平面的，而是有凹有凸，就会使透过的光线发生奇妙的变化。

凸透镜是中央较厚、边缘较薄的透镜，有会聚作用，所以又称聚光透镜。凹透镜与凸透镜刚好相反，镜片的中央薄、周边厚，呈凹形，对光有发散作用。

△ 凸透镜的发散

人眼的结构与照相机类似，光线经过眼球前部的晶状体，落到后方的视网膜，再经过视神经的处理，人就看到世间万物了。晶状体的样子很像凸透镜。如果人眼的晶状体发生变形，使光线经过眼

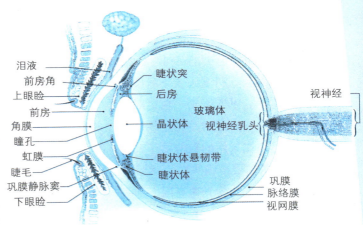

泪液
前房角
上眼睑
前房
角膜
瞳孔
虹膜
睫毛
巩膜静脉窦
下眼睑

睫状突
后房
玻璃体
晶状体
视神经乳头
睫状体悬韧带
睫状体

视神经

巩膜
脉络膜
视网膜

△ 眼球的水平切面

球前部的晶状体后，不能完全集合，所成的像落在了视网膜的后面，这就使得看近处的东西特别吃力，老花眼就这样产生了。矫正老花眼，需要戴老花镜。事实上，老花镜是一种凸透镜，在光线进入晶状体以前先集合一次光线，使所成的像恰好落在视网膜上。如果由于长期不健康地使用眼睛，导致晶状体变形，使光线过早地集合在了视网膜的前面，这就是近视眼。近视患者看远处的东西非常模糊，需要戴近视眼镜矫正。近视眼镜实际上是凹透镜，起到发散光线的作用，使晶状体所成的像恰好落在视网膜上。

不管是望远镜，还是显微镜，都是平面镜、凹透镜和凸透镜的配合使用。所以，研究光的传播，其实也是在研究光学的运用。

5
光的速度到底有多快

　　按下开关，电灯瞬间亮起，整个房间几乎同时被照亮。是不是说，光的传播不需要时间呢？历史上，科学家很早就开始研究光速的问题。有科学家认为，光的传播是不需要时间的，另一些科学家则坚定地认为，光传播需要时间，只是其速率非常之快，肉眼感受不到而已。那么，到底哪种说法正确呢？科学家设计出种种实验来测量光的速率。

　　1676年，丹麦天文学家奥勒·罗默使用望远镜研究木星的卫星艾欧的运动。克里斯蒂安·惠更斯结合了天文单位和罗默的时间估计，得出了每分钟光走过的路程是地球直径的1 000倍，这相当于每秒220 000千米，比现在采用的数值低了26%，但仍比当时使用其他已知的物理方法测得的数值要准确些。

　　牛顿也认为光速有限。他在1704年出版的《光学》中，计算出光每秒钟可以横越地球16.6次，相当于210 000千米/秒，比正确值低了30%。

　　即使如此，光靠这些观测和推算，光速是有限的观点仍不能被大众接受。甚至包括著名天文学家卡西尼（土星环上卡西尼缝就是他发现的）在内的科学家也认为光速是无限的。直到詹姆斯·布雷德里观测之后，光速是无限的想法才被抛弃。

　　布雷德里推测若光速是有限的，则因为地球的轨道速率，会使抵达地球的星光有一个微小角度的偏折，这就是所谓的光行差，它的大小只有1/200度。布雷德里计算的光速为298 000千米/秒，这与现在的数值只有不到1%的差异。

　　此后，各国科学家争先使用不同的方法测算光速。

　　1972年，美国的K.M.埃文森等人直接测量激光频率 ν 和真空中的波长 λ ，算得 $c=(299\ 792\ 458 \pm 1.2)$ 米/秒。1975年第15届国际计量大会确认上述光速值作为国际推荐值使用。1983年，光速取代了保存在巴黎国际计量局的铂制米原器被选作定义"米"的标准，并且约定光速严格等于299 792 458米/秒，米被定义为1/299 792 458秒内光所通过的路程。

根据现代物理学，所有电磁波，包括可见光，在真空中的速率是常数，即是光速。强相互作用、电磁作用、弱相互作用传播的速率都是光速。根据广义相对论，万有引力传播的速率也是光速，2003年已经证实。

光速299 792 458米/秒一般会被简写成30万千米/秒。这个数字已经大大超过我们的感受力。想一想：地球很大，赤道周长4万千米，一束光从你身边发出，你眨巴两下眼睛，1秒钟过去了，那束光已经绕着地球转了7圈半！

光速30万千米/秒还有一个前提，这是在真空中测得的。事实上，在不同介质中，光速是不一样的。1850年，菲佐用齿轮法测定了光在水中的速率，第一次证明水中光速小于空气中的光速。下面为光在一些常见介质中的速率：

光在水中的速率：2.25×10^8m/s，

光在玻璃中的速率：2×10^8m/s，

光在冰中的速率：2.3×10^8m/s，

光在空气中的速率：3×10^8m/s，

光在酒精中的速率：2.2×10^8m/s。

◁ 古人曾经认为光的传播
是不需要时间的

6
超光速现象存在吗

狭义相对论有一个奇怪的推论：没有任何物体能加速到光速。无论我们建造的火箭动力多么强劲，它们永远都不能到达光速。这是因为物体运动得越快，其动能越大，惯性也越大，从而越来越难继续加速。

飞机刚发明那会儿，人们普遍相信飞机的速率不会超过声速。如果飞机的速率超过声速，飞机就会解体坠毁。他们把这个现象叫作"音障"。但现在，技术的进步早就突破了"音障"。那么，是否可以照此推理，我们总有一天会想到办法，突破"光障"呢？

有意思的是，一直与相对论有冲突的量子理论看上去是允许物质以大于光速的速率运动的。

△ 突破光障（想象）

在20世纪20年代，量子理论显示一个系统相隔遥远的不同组成部分能够瞬时联系。例如，当一个高能光子衰变成两个低能光子时，它们的状态（例如是顺时针或逆时针自旋）是不定的，直到对它们中间的某一个做出观察才确定下来。其中一个粒子被观察了，确定状态了，再观察另一个粒子——这两个粒子即使一个在太阳中心，另一个行至冥王星外——总会得到与对第一个粒子的测量相一致的结果。这样远距离的瞬时联系，看起来像是某个信息以无限大的速率在粒子之间传递了。它被爱因斯坦称为"幽灵式的超距作用"，听起来难以置信，但却是真实的现象。现在通常把这个现象叫作"量子纠缠"。有科学家认为，"量子纠缠"可能成为未来星际间即时通信的工作原理。

1993年，加利福尼亚大学伯克利分校的一项实验表明，量子理论还允许另一种超光速旅行存在："量子隧穿"。

想象朝一堵坚实的墙上踢一个足球，牛顿力学预言它会被弹回，但量子力学预言它还有极小的可能出现在墙的另一面，前提是假如它能"借"到足够的能量穿越墙壁，并在到达另一面之后立即将能量归还。这并不违反现有物理定律，因为最终能量、动量和其他属性都得到了保存。德国物理学家海森堡的测不准原理表明，在一个系统中，总有某些属性——在这一情况中是能量——的值是不能确定的，因此量子力学允许系统利用这种不确定性。在隧穿的情况中，粒子从障碍物的一面消失又从另一面重现所需的时间几乎可以忽略不计，障碍物的厚度可以是任意的——不过随着厚度增加，粒子隧穿的概率也就迅速地朝零的方向递减。

△ 超光速飞行是人类的梦想

通过测量可见光的光子通过特定过滤器的隧穿时间，证明了"超光速"隧穿效应的存在。将这些光子与在相似时间内穿过真空的光子进行比较，结果隧穿光子先到达探测器，它们穿越过滤器的速率可能为光速的1.7倍。

但目前这些研究都停留在理论的水平，离真正的实践还差十万八千里呢。说不定，这就是留给你的机会。

7

一光年到底有多远

光年指的是光在真空中行走一年的距离，它是由时间和速率计算出来的。以1年=365天5小时48分45.974 7秒，1光秒=299 792 458米来计算，1光年=9 460 528 404 879 358.812 6米，大约9.46万亿千米。

1838年，德国天文学家弗里德里希·威廉·贝塞尔首先使用"光年"一词，作为天文学测量上的单位。他测量出天鹅座61（现在也称为贝塞尔星）与地球之间的距离是10.3光年。

那么，一光年到底有多远呢？

世界上最快的飞机时速可以达到每小时11 260千米，依照这样的速率，飞越一光年的距离需要用95 848年。而常见的客机，时速大约是每小时885千米，这样飞1光年则需要1 220 330年。目前人造的最快物体，是

▽ 银河系直径十万光年

1970年联邦德国和美国NASA联合建造并发射的Helio2卫星，最高速率为70.22千米/秒（即252 792千米/小时），以这样的速率飞越1光年的距离大约需要4 000年的时间。

光年对于人类来说，真是一个十分庞大的尺度。

然而，对于浩瀚的宇宙来说，光年真不算是很大的单位。

太阳到半人马座a星的距离为4.3光年，与最亮的恒星天狼星的距离为8.7光年，与牛郎星和织女星的距离分别为16.63和26.3光年，与有名的参宿七相距850光年。银河系的跨度达10万光年，银河系到仙女座星系为230万光年。目前人类探知的最遥远的星，距离我们已达137亿光年。

我们所处的星系——银河系的直径约有10万光年。假设有一接近光速的宇宙船从银河系的一端到另一端，它将需要多于

△ 已知宇宙到底有多大呢？

10万年的时间。但这只是对于（相对于银河系）静止的观测者而言，船上的人员感受到的旅程实际只有数分钟。这是由于狭义相对论中的移动时钟的时间膨胀现象所致。

想想这些数据吧。

再想想人类在地球上出现不过300万年，有文化的历史不超过10万年，有文字的历史不超过1万年，工业革命使人类迅速成为所谓的地球霸主也不过400年，你就会明白：其实人类是多么渺小，多么微不足道！

需要特别强调的是，光年并不是时间单位，而是长度单位。某篇新闻说："即使人类将来能够发明出接近光速飞行的太空船，至少也需要约20光年才能抵达那儿。"就是错误地把光年当作了时间单位。另外，这20年是地球上的时间，对于宇航员来说，由于时间膨胀的原因，他们实际经历的时间会大大缩短，也许只是几十分钟。真是"船中刚数月，世上已千年"。

8
隐身可能吗

　　"隐身"是常见的科幻题材，最早出现在威尔斯的科幻小说《隐身人》中，而相关的电影也有许多。那么，隐身可能吗？还是先来看看隐身人的背景知识：

　　我们之所以可以看见物体，是因为眼睛看到来自物体的光线，如太阳、火、灯等，不同的颜色是因为光线的波长不同。不透明的不发光物体的颜色是由它反射的光线的颜色决定的；而透明的物体，因其与空气的折射率不同，在界面会产生反射与折射，故可以看到反射光或经折射的透射光而发觉与背景不同。例如空气的折射率约为1，水约为1.33，普通玻璃为1.5，在空气中的玻璃较容易发现，而在水中就较难，如是在折射率接近玻璃的溶液中就没办法看到了。

　　因此，要隐身所必需的两个条件：一是要完全透明，二是要与周围介质的折射率相同或相近。如果按科幻故事所述，通过某种特殊的方法达到这两个条件，实现隐身是完全可能的。可是，在刚才的论述中，就隐藏着隐身的一个难题：隐身之后我们怎么"看"这个世界呢？

　　眼睛感受光线，是因为眼内视网膜上的感光细胞中，感光色素吸收相应的光线发生化学变化，产生电信号刺激视神经，传递到大脑产生光感。如果隐身人是完全透明的，那视网膜也会是透明的，就无法吸收光线也就感受不到光线，所以就看不到光，也就无法看到世间的万事万物，"隐身=瞎子"。

　　那如果只是视网膜吸收很少一点光而对隐身效果基本无影响可行吗？想想空中飘动着一对视网膜的情形还真是惊悚。但就算这样还是不行，因为眼睛不仅是感受光线，还经过不同折射率的角膜（1.38）、房水（1.34）、晶状体（1.42）、玻璃体（1.34）的折射体系对光线成像，要

△ 科幻电影《空心人》里的隐身人

是折射率都与空气近似，就无法成像；同时，除眼前方的光线外，原来被屏蔽的其他各个方向的光线也会照到感光色素上，所以也只能是有明暗的光感而看不到任何物体。

也就是说，无论如何隐身，别人无法看见他，他也就看不见别人，这是不是很公平呢？

既然通过自身透明达不到隐身的目的，那还有别的思路吗？

有，而且还是在光上做手脚。

"看见"是一个光线折射的过程。当我们"看见"了一个物体，光线也走完了到达物体—折射返回的路程。怎样才能让别人眼前的物体变得"看不见"，这需要改变光线的传播方向，让它不能正常地返回别人的视界范围，这样别人就"看不见"这个物体了。

这是一个颇有实践价值的设想，而且已经有科学家着手进行研究了。也许在我们有生之年，能够看到隐身变为现实。

哈利波特穿上了隐身斗篷后的惊人效果 ▷

四 一体两面
——电与磁的演义

1

现代电磁学前史（上）

（1）琥珀和磁石

古希腊七贤中有一位名叫泰勒斯的哲学家，在公元前600年，看到当时的希腊人通过摩擦琥珀吸引羽毛、用磁铁矿石吸引铁片的现象，曾对其原因进行过一番思考。据说泰勒斯的解释是："万物皆有灵。磁吸铁，故磁有灵。"这里所说的"磁"就是磁铁矿石。

在东方，中国人早在公元前2500年前后就已经具有天然的磁石知识。据《吕氏春秋》一书记载，中国在公元前1000年前后就已经使用名为"司南"的指南针来辨别方向了。

（2）磁，静电

通常所说的摩擦起电，在公元前人们只知道它是一种现象。很长时间里，关于这一种现象的认识并没有进展。

而罗盘则在13世纪就已经在航海中得到了应用。那时的罗盘是把加工成针形的磁铁矿石放在秸秆里，使之能浮在水面上。到了14世纪初，又制成了用绳子把磁针吊起来的航海罗盘。

这种罗盘在1492年哥伦布发现美洲新大陆以及1519年麦哲伦发现环绕地球一周的航线时发挥了重要的作用。

（3）雷和静电

在公元前的中国，打雷被认为是神的行为。打雷就是雷公在天上敲

大鼓，闪电就是电母用两面镜子把光射
向下界。

亚里士多德对雷的认识就已经比较
科学了。他认为雷的发生是由于大地上
的水蒸气上升，形成雷雨云，雷雨云遇
到冷空气凝缩而变成雷雨，同时伴随出
现强光。

认为雷是由静电产生的是英国人沃
尔，那是1708年的事。大约在1748年，
富兰克林基于同样的认识设计了避雷针。

△ 壮观的雷电，令人恐惧而又有诸多想象

（4）摩擦起电

1600年，英国物理学家吉伯发现，不仅琥珀和煤玉摩擦后能吸引
轻小物体，另外还有相当多的物质经摩擦后也都具有吸引轻小物体的
性质，他注意到这些物质经摩擦后并不具备磁石那种指南北的性质。
为了表明与磁性的不同，他采用琥珀的希腊字母拼音把这种性质称为
"电的"。

大约在1660年，德国马德堡的
盖利克发明了第一台摩擦起电机。
他用硫制成形如地球仪的可转动球
体，用干燥的手掌摩擦转动球体，
使之获得电。盖利克的摩擦起电机
经过不断改进，在静电实验研究中
起着重要的作用，直到19世纪霍耳
茨和托普勒分别制成感应起电机后
才被取代。

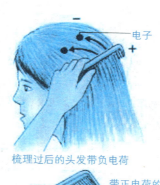
梳理过后的头发带负电荷

带正电荷的发梳

△ 摩擦起电

2

现代电磁学前史（下）

（5）进一步发展

18世纪电的研究迅速发展起来。1729年，英国的格雷发现导体和绝缘体的区别。1733年迪费得出所有物体都可摩擦起电的结论。他把玻璃上产生的电叫作"玻璃的"，琥珀上产生的电与树脂产生的相同，叫作"树脂的"。他发现：带相同电的物体互相排斥，带不同电的物体彼此吸引。

1745年，荷兰的穆申布鲁克发明了能保存电的莱顿瓶。莱顿瓶的发明为电的进一步研究提供了条件，它对于电知识的传播起到了重要的作用。

（6）富兰克林的贡献

差不多同时，美国的富兰克林做了许多有意义的工作，使得人们对电的认识更加丰富。1747年，他根据实验提出：在正常条件下电是以一定的量存在于所有物质中的一种元素；电跟流体一样，摩擦的作用可以使它从一个物体转移到另一个物体，但不能创造；任何孤立物体的总电量是不变的，这就是通常所说的电荷守恒定律。他把摩擦时物体获得的电的多余部分称为带正电，物体失去电而不足的部分称为带负电。

△ 艺术家笔下的富兰克林
"雷雨风筝实验"

严格地说，这种关于电的一元流体理论在今天看来并不正确，但他所使用的正电和负电的术语至今仍被采用，他还观察到导体的尖端更易于放电等。早在1749年，他就注意到雷闪与放电有许多相同之处，1752年，他通过在雷雨天气将风筝放入云层来进行雷击实验，证明了雷闪就是放电现象。在这个实验中最幸运的是富兰克林居然没有被电死，因为这是一个危险的实验。这个风筝实验很有名，许多科学家都很感兴趣，也跟着做。1753年7月，俄罗斯科学家利赫曼在实验中不幸遭电击身亡。

（7）伏打电池的出现

通过用各种金属进行实验，意大利帕维亚大学教授伏打证明了锌、铅、锡、铁、铜、银、金、石墨是个金属电压系列，当这个系列中的两种金属相互接触时，系列中排在前面的金属带正电，排在后面的金属带负电。他把铜和锌作为两个电极置于稀硫酸中，从而发明了伏打电池。电压的单位"伏特"就是以他的名字命名的。

19世纪初，法国正值法国大革命后进入拿破仑时代。拿破仑从意大利归来，在1801年把伏打召到巴黎，让他做电实验，伏打也因此获得了拿破仑授予的金质奖章和莱吉诺–多诺尔勋章。

伏打电池发明之后，各国利用这种电池进行了各种各样的实验和研究。德国进行了电解水的研究，英国化学家戴维把2 000个伏打电池连在一起，进行了电弧放电实验。戴维的实验是在正负电极上安装木炭，通过调整电极间距离使之产生放电而发出强光，这就是电用于照明的开始。

1820年，丹麦哥本哈根大学教授奥斯特在一篇论文中公布了他的一个发现：在与伏打电池连接的导线旁边放一个磁针，磁针马上就发生偏转。现代电磁学得以建立。

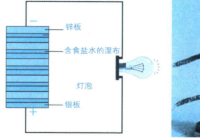

锌板
含食盐水的湿布
灯泡
银板

伏打电池原理及实物　▷

3 奥斯特的开山之功

自从库仑提出电和磁有本质上的区别以来，人们普遍认为电和磁不会有任何联系。

丹麦的奥斯特不这样认为。他一直坚信电和磁之间一定有某种关系，电一定可以转化为磁。尤其是富兰克林曾经发现莱顿瓶放电能使钢针磁化，这更坚定了他的观点。

当时，有些人做过实验，寻找电和磁的联系，结果都失败了。当务之急是怎样找到实现这种转化的条件。奥斯特仔细地审查了库仑的论断，发现库仑研究的对象全是静电和静磁，确实不可能转化。他猜测，非静电、非静磁可能是转化的条件，应该把注意力集中到电流和磁体有没有相互作用上来进行探索。他决心用实验来验证自己的猜想。

1820年4月，在一次讲演快结束的时候，奥斯特抱着试试看的心理做了一次实验。他把一条非常细的铂导线放在一个用玻璃罩罩着的小磁针上方，接通电源的瞬间，发现磁针跳动了一下。这一跳，使有心的奥斯特喜出望外，竟激动得在讲台上摔了一跤。

▽ 电流磁效应

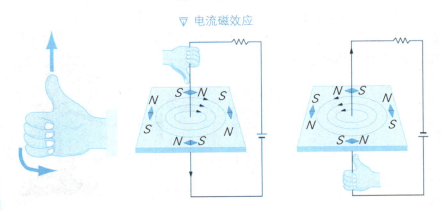

之后，奥斯特花了三个月的时间，做了许多次实验，发现磁针在电流周围都会偏转。在导线的上方和导线的下方，磁针偏转方向相反。在导体和磁针之间放置非磁性物质，比如木头、玻璃、水、松香等，不会影响磁针的偏转。1820年7月21日，奥斯特写成论文《论磁针的电流撞击实验》，正式向学术界宣告发现了电流磁效应。

奥斯特认为在通电导线的周围，发生一种"电流冲击"。这种冲击只能作用在磁性粒子上，对非磁性物体是可以穿过的。磁性物质或磁性粒子受到这些冲击时，阻碍它穿过，于是就被带动，发生了偏转。

他认为电流冲击是沿着以导线为轴线的螺旋线方向传播，螺纹方向与轴线保持垂直。这就是横向效应的形象描述。

奥斯特对磁效应的解释，现在看来虽然不完全正确，但并不影响这一实验的重大意义，它证明了电和磁能相互转化，这为电磁学的发展打下了基础。

奥斯特发现了电流磁效应之后，一系列的新发现接连出现。两个月后安培发现了电流间的相互作用，阿拉果制成了第一个电磁铁，施魏格发明电流计等。安培曾写道："奥斯特先生……已经永远把他的名字和一个新纪元联系在一起了。"奥斯特的发现揭开了物理学史上的一个新纪元。

奥斯特的功绩受到了学术界的公认，为了纪念他，国际上从1934年起命名磁场强度的单位为奥斯特，简称"奥"。1937年，美国物理教师协会还专门设立了奥斯特奖章，来奖励教学有成绩的优秀物理教师。

奥斯特是现代电磁学的开山祖师 ▷

4
电学大师法拉第（上）

　　迈克尔·法拉第，1791年9月22日出生于英国萨里郡纽因顿一个贫苦铁匠家庭。仅上过几年小学，13岁时便在一家书店里当学徒。但小法拉第不安于贫穷，勤奋好学。书店的工作使他有机会读到许多科学书籍。在送报、装订等工作之余，他自学化学和电学，并动手做简单的实验，验证书上的内容。

　　法拉第的好学精神感动了一位书店的老主顾，在他的帮助下，法拉第有幸聆听了著名化学家戴维的演讲。他把演讲内容全部记录下来并整理清楚，和朋友们认真讨论研究。后来他还把整理好的演讲记录送给戴维，并且附信，表明自己愿意献身科学事业。结果他如愿以偿。22岁时做了戴维的实验助手。从此，法拉第开始了他的科学生涯。戴维虽然在科学上有许多了不起的贡献，但他说，我对科学最大的贡献是发现了法拉第。

　　法拉第勤奋好学，工作努力，很受戴维器重。1813年10月，他随戴维到欧洲大陆国家考察，他的公开身份是仆人，但他不计较地位，也毫不自卑，而把这次考察当成学习的好机会。他见到了许多著名的科学家，参加了各种学术交流活动，还学会了法语和意大利语，大大开阔了眼界，增长了见识。可以说，整个欧洲是法拉第的大学。

　　考察回来后，法拉第立即全力以赴地投入科学研究。他搜集了能得到的一切资料，做了详尽的目录索引和笔记，大胆地进行各种化学试验。1820年，丹麦物理学家奥斯特发现了电流对磁针的作用，法拉第敏锐地意识到了它的重要性，他决心进一步探索其内在原理。法拉第一直认为，各种自然力都存在密切关系，而且可以相互转化。既然电可以产生磁，那么磁也一定能产生电，法拉第决心用实验来证明它。

　　但是各种努力都失败了。直到10年后的1831年，他终于发现，一个通电线圈产生的磁力虽然不能在另一个线圈中引起通电电流，但是当通电线圈的电流刚刚接通或中断的时候，另一个线圈中的电流计指针有微小偏转。法拉第抓住这个发现反复做实验，都证实了这个现象。这就是有名的电磁感应原理。法拉第的这个发现终于劈开了探索电磁本质道路上的拦路大山，开通了在电池之外大量产生电流的新道路。

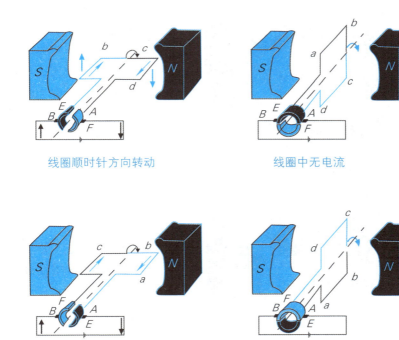

线圈顺时针方向转动　　　　　　　　线圈中无电流

线圈顺时针方向转动　　　　　　　　线圈中无电流

△ 电磁感应原理应用于直流发电机

　　法拉第发现的电磁感应原理是一个划时代的伟大科学成就，它使人类获得了打开电能宝库的金钥匙，在征服和利用自然的道路上迈进了一大步。利用这个原理，法拉第制造出世界上第一台感应发电机的雏形。后来，人们又制成了实用的发电机、电动机、变压器等电力设备，建立起水力和火力发电站，使电力普遍应用于社会的各方面。这一切都是和法拉第的伟大贡献分不开的。

5 电学大师法拉第（中）

△ 迈克尔·法拉第

为了证实用各种不同办法产生的电在本质上都是一样的，法拉第仔细研究了电解液中的化学现象，1834年总结出法拉第电解定律：电解释放出来的物质总量和通过的电流总量成正比，和那种物质的化学当量成正比。这条定律成为联系物理学和化学的桥梁，也是通向发现电子道路的桥梁。

在经历了无数次失败之后，法拉第于1845年发现了"磁光效应"。他用实验证实了光和磁的相互作用，为电、磁和光的统一理论奠定了基础。

1838年，法拉利提出了电力线的新概念来解释电、磁现象，这是物理学理论上的一次重大突破。1843年，法拉第用有名的"冰桶实验"证明了电荷守恒定律。1852年，他又引进了磁力线的概念，从而为经典电磁学理论的建立奠定了基础。后来，英国物理学家麦克斯韦用数学工具研究法拉第的磁力线理论，最后完成了经典电磁学理论。

法拉第最伟大发现的关键是他提出的"力场"。如果有人将铁屑撒在一块磁铁上，他会发现铁屑将呈现一种充满整个空间的蜘蛛网状。这就是法拉第的力线，以图形的形式描绘出了电和磁的力场在空间如何散布。举例来说，如果有人绘出整个地球的磁场，他会发现力线从N极地区伸出，然后在S极地区落回到地球上。在法拉第看来，"空的空间"其实根本不是空的，而是充斥着能使遥远的物体移动的力线——由于法拉第早年穷困，未能接受足够的数学教育，因此他的笔记本中密密麻麻的不是等式，而是这些力线的手绘图表。从科学上来说，物理图像通常比用来对其进行描述的数学语言更为重要。

法拉第的力场曾经被视为毫无用处，是无所事事的随意涂鸦，但它是真实的、物质的力量，可以移动物体并产生能源。今天，你阅读这一页所依赖的光或许就是由法拉第关于电磁学的发现而点亮的。一块转动的磁铁会制造力场，推动一根电线中的电子，使它们以电流的形式移动，其后，这股电线中的电力可以点亮一盏灯泡。与此同样的原理被用于生产给全世界城市提供能量的电力。

换言之，法拉第的力场是驱动现代文明的动力，从电动推土机到如今的计算机、互联网还有宇宙飞船都源于力场的发现。

法拉第的力场成为物理学家的灵感之源。这些力场给了爱因斯坦极大的启示，他用力场的语言来描述和表达他的引力理论。著名物理学家加来道雄也受法拉第的成果启迪，成功地运用法拉第的力场表现了弦理论，从而建立了弦场论。在物理学界，如果有人说"他思考起来像一根力线"，那便意味着一种高度的赞美。

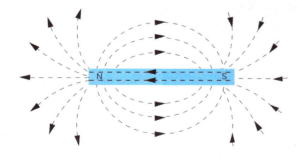

△ 磁力线

6 电学大师法拉第（下）

  法拉第还有一项重要的发明，这项发明用他的名字命名为"法拉第笼"。

  法拉第笼并不神秘，从结构上看，它就是一个由金属或者良导体构成的笼子，包括笼体、高压电源、电压显示器和控制部分。法拉第笼通常用于演示等电势、静电屏蔽和高压带电作业原理，很多学校的实验室都有。

△ 炫目的法拉第笼表演

  在法拉第笼刚问世的那几年里，它是欧洲马戏表演最受欢迎的节目之一。表演时，演出者先请几位观众进入金属笼子，然后夸张地展示高压电的强悍，接下去，他会在观众的惊呼声里将电源接到金属笼子上。然而，笼子里的人并没有触电而死。他们不但不会触电，还敢将手贴在笼壁上，体验手指放电的清凉感觉。

  这是为什么呢？原来，人体触电的原因是身体的不同部位存在电位差，金属笼子里的人紧贴笼壁时虽然手指接近放电火花，看似有强电流通过身体，但放电电流是通过手指前方的金属网传入大地，身体并不存在电位差，实际没有电流通过，所以没有触电的感觉。进一步研究表明，外壳接地的法拉第笼可以有效地隔绝笼体内外的电场和电磁波干扰，这叫"静电屏蔽"。

可不要小瞧了法拉第笼，其实我们生活中很多地方都用上了它。高压带电作业操作员的防护服是用金属丝制成的，接触高压线时形成等电位，人体不通过电流，起到保护作用，其原理就是法拉第笼。许多仪器设备采用接地的金属外壳可有效地避免壳体内外电场的干扰。由于法拉第笼的电磁屏蔽原理，所以在汽车中的人是不会被雷击中的。在同轴电缆中可以不受干扰地传播信号，也是利用了法拉第笼的原理。法拉第笼在军事上也有用途。核潜艇出于"隐身"的需要，在艇身埋设了密集的金属线，以便形成法拉第笼，让敌方的声呐探测不到。当然，也有不需要法拉第笼效应的地方。比如电梯往往是各种手机信号的盲区，就是因为电梯间其实是个法拉第笼。如果电梯内没有中继器，理论上讲，关上电梯门，里面收不到任何电子信号。

回顾法拉第的一生，这位自学成才的科学大师的成就来源于勤奋，他的主要著作《日记》由16 041则汇编而成；《电学实验研究》有3 362节之多。

在一次讲演中他指出："自然哲学家应当是这样一些人：他愿意倾听每一种意见，却下定决心要自己做判断；他应当不被表面现象所迷惑，不对某一种假设有偏爱，不属于任何学派，在学术上不盲从大师；他应当重事不重人，真理应当是他的首要目标。如果有了这些品质，再加上勤勉，那么他确实可以有希望走进自然的圣殿。"

后世的人们选择了法拉作为电容的国际单位，以纪念这位物理学大师。

△ 钞票上的法拉第

7 电与磁的统一者麦克斯韦（上）

詹姆斯·克拉克·麦克斯韦，英国物理学家、数学家。科学史上，牛顿把天上和地上的运动规律统一起来，实现了第一次大综合，而麦克斯韦把电、光统一起来，实现了第二次大综合，因此与牛顿并驾齐驱。1873年出版的《论电和磁》，也被尊为继牛顿《自然哲学的数学原理》之后的一部最重要的物理学经典。你必须知道，没有电磁学就没有现代电工学，也就不可能有现代文明。

△ 麦克斯韦

麦克斯韦1831年生于苏格兰爱丁堡。他的智力发育格外早，年仅15岁时，就向爱丁堡皇家学院递交了一份科研论文。他成年时期的大部分时光是在大学里当教授，最后是在剑桥大学任教。

回顾电磁学的历史，物理学的历程一直到1820年的时候都是以牛顿的物理学思想为基础的。自然界的"力"——热、电、光、磁以及化学作用正在被逐渐归结为一系列流体的粒子间的瞬时吸引或排斥。在19世纪以前的40年中，出现了一种反对这个观点的动向，这种动向赞成"力的相关"。1820年，奥斯特发现的电磁现象马上成了这种新趋势的第一个证明和极为有力的推动力，但当时的人对此感到困惑。同一年，法国科学家安培用数学方法总结了奥斯特的发现，并创立了电动力学，此后，安培和他的追随者们便力图使电磁的作用与有关瞬时的超距作用的现存见解调和起来。

麦克斯韦的电学研究始于1854年，当时他刚从剑桥毕业不过几星期。他读到了法拉第的《电学实验研究》，立即被书中新颖的实验和见解吸引住了。在当时，人们对法拉第的观点和理论看法不一，有不少非议。最主要的原因就是当时"超距作用"的传统观念影响很深。另一方面的原因就是法拉第的理论的严谨性还不够。法拉第是实验大师，有着常人所不及之处，但他欠缺数学功底，所以他的创见都是以直观形式来表达的。一般的物理学家恪守牛顿的物理学理论，对法拉第的学说感到不可思议。

在剑桥的学者中，这种分歧也相当明显。麦克斯韦向自己敬佩的前辈威廉·汤姆孙（即开尔文男爵）写信，向他求教有关电学的知识。

在汤姆孙的指导下，麦克斯韦得到启示，相信法拉第的新论中有着不为人所了解的真理。认真地研究了法拉第的著作后，他感受到力线思想的宝贵价值，也看到法拉第在定性表述上的弱点。于是他抱着给法拉第的理论"提供数学方法基础"的愿望，决心把法拉第的天才思想以清晰准确的数学形式表示出来。

最终，麦克斯韦在前人成就的基础上，对整个电磁现象做了系统、全面的研究，将电磁场理论用简洁、对称、完美的数学形式表示出来，经后人整理和改写，这个理论的数学表达式成为经典电动力学主要基础——麦克斯韦方程组。

△ 麦克斯韦

8
电与磁的统一者麦克斯韦（下）

然而，麦克斯韦并未满足自己已有的成绩而裹足不前，他仍然向电磁学领域的更深处前进。

1865年他发表了第四篇论文《电磁场的动力学理论》，以实验和几个普遍的动力学原理为根据，证明了不需要任何有关分子涡旋或电粒子之间的力的专门假设，电磁波在空间的传播就会发生。

在这篇论文中，麦克斯韦完善了他的方程式，还预言了电磁波的存在，指出电磁波只可能是横波，并推导出电磁波的传播速率等于光速，同时得出结论：光是电磁波的一种形式，揭示了光现象和电磁现象之间的联系。至此，电磁波的存在确定无疑了。1888年，德国物理学家赫兹用实验验证了电磁波的存在。

法拉第当年关于光的电磁论的朦胧猜想，经过麦克斯韦精心的计算而成为科学的推论，法拉第与麦克斯韦的名字，从此像牛顿与伽利略的名字一样，联系在一起，在物理学上闪烁着永久的光芒。

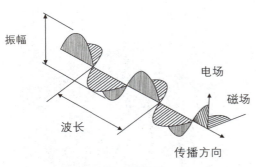

振幅
电场
磁场
波长
传播方向

△ 电磁波的传播

从1865年开始，麦克斯韦辞去了皇家学院的教席，开始潜心进行科学研究，系统地总结研究成果，撰写电磁学专著。

经过了八年的艰苦努力，1873年麦克斯韦的一部电磁学专著终于问世了，书名叫《电磁学通论》。

《电磁学通论》是一部经典的电磁理论著作，在这本著作中，麦克斯韦系统地总结了人类在19世纪中叶前后对电磁现象的探索研究轨迹，其中包括库仑、安培、奥斯特、法拉第等人的不可磨灭的功绩，更为细致、系统地概括了他本人的创造性努力的结果和成就，从而建立起完整的电磁学理论。这部巨著有着非同小可的历史意义，可与牛顿的《数学原理》（力学）、达尔文的《物种起源》（生物学）相提并论。

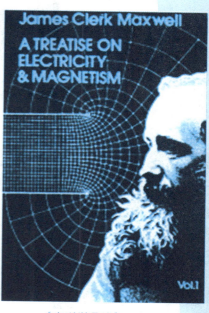

《电磁学通论》 △

当时麦克斯韦只有42岁，已经回到剑桥大学任实验物理学的教授。人们早已通过他以前的几篇卓有见地的论文而熟识了他，他的朋友和学生以及科学界的人士对他的这本书更是期待已久，争相到各地书店去购买，以求先睹为快，所以书的第一版很快就被抢购一空。

在热力学与统计物理学方面麦克斯韦也做出了重要贡献，他是气体动理论的创始人之一。针对热力学第二定律提出的假想"麦克斯韦妖"令无数后人着迷。1859年，他首次用统计规律得出麦克斯韦速率分布律，从而找到了由微观量求统计平均值的更确切的途径。1866年，他给出了分子按速率分布函数的新推导方法。1867年，他引入了"统计力学"这个术语。麦克斯韦是运用数学工具分析物理问题和精确地表述科学思想的大师，他非常重视实验，由他负责建立起来的卡文迪许实验室，在他和以后几位主任的领导下，发展成为举世闻名的学术中心之一。

1879年，麦克斯韦因病与世长辞，年仅48岁。所有人都认为，他光辉的生涯结束得太早太早。

9

科学超人尼古拉·特斯拉（上）

尼古拉·特斯拉1856年7月10日出生于克罗地亚的斯米良，1880年毕业于布拉格大学后，于1884年移民美国成为美国公民，并获取耶鲁大学及哥伦比亚大学名誉博士学位。

他一生的发明多不胜数。为何这么非凡的科学家史书上却鲜有记载呢？这个事儿与我们所熟知的一位大发明家有关。

1884年，特斯拉第一次踏上美国国土，来到了纽约。除了前雇主查尔斯·巴奇勒所写的推荐函外，他几乎一无所有。这封信是写给托马斯·爱迪生的，信中提到："我知道有两个伟大的人，你是其中之一，另一个就是这个年轻人了。"于是，爱迪生雇用了特斯拉，安排他在爱迪生机械公司工作。特斯拉开始为爱迪生进行简单的电器设计，他进步很快，不久以后解决了公司一些非常难的问题。

1919年，特斯拉写道：如果当时他完成马达和发电机的改进工作，爱迪生将提供给他惊人的5万美元。特斯拉说他的工作持续了将近一年，几乎将整个发电机重新设计了，使爱迪生公司从中获得巨大的利润和新的专利所有权。当特斯拉向爱迪生索取5万美元时，据传闻爱迪生回答他："特斯拉，你不懂我们美国人的幽默。"就此违背了自己的诺言。以特斯拉当时每周18美元的薪水，他需要工作53年才能赚到这么一大笔钱。当特斯拉要求加薪至每周25美元遭到拒绝后，他辞职了。

尼古拉·特斯拉 △

　　1886年，特斯拉创建了自己的公司。1887年，他组装了最早的无电刷交流电感应马达，并在1888年为美国电气电子工程师学会做了演示。

　　1888年，他发展了特斯拉线圈的原理，并且开始在西屋电气公司位于匹兹堡的实验室工作。特斯拉花了半年时间将埋藏脑海6年的交流电发电机发明出来，取得专利后，应美国电机工程师学会的邀请在大会上讲解和示范交流发电机发电。

　　特斯拉的成功让爱迪生如坐针毡。

　　大发明家爱迪生的故事在中国近乎家喻户晓。事实上，他不仅是一位大发明家，也是一位实业家。19世纪70年代，电器开始从实验室走向普通家庭。1878年，爱迪生成立了以他的名字命名的电气照明公司，向全社会推广白炽灯等电器。需要提醒大家的是，爱迪生提供的是直流电。直流电有很多弊端，其中一条是不利于长途传输，每隔1千米则要增设发电站。就算这样，因为"只此一家，别无分号"，大家也只能用爱迪生电气照明公司提供的贵得惊人的直流电，而爱迪生从中获利良多。

　　现在，竞争者来了。相比直流电，交流电在远距离传输的过程中损耗小得多的优势显现出来了。

塞尔维亚2004版100第纳尔纸币，头像为特斯拉　△

61

10
科学超人尼古拉·特斯拉（中）

为了保住自己的利益，爱迪生干起了极不道德的事情。他在众多报纸上大肆宣传：特斯拉是科学界一大异端，他所发明的交流电直接威胁人类的安全。爱迪生甚至多次当众展示狗和猫如何通过交流电后瞬间死亡——"电椅"死刑也受此启发研制出来。

爱迪生的诽谤让特斯拉的名声臭到了极点。然而他没有退却，1893年1月位于芝加哥的一次世界博览会开幕典礼中，特斯拉展示了交流电如何同时点亮了90 000盏灯泡，震慑全场。因为这是直流电根本不能达到的。

事后，特斯拉取得了尼亚加拉水电站电力设计的承办权。

1897年，世界上第一座10万匹马力（73 500千瓦）的交流电发电站尼亚加拉水电站建成。如今尼亚加拉水电站仍然运作如常，从未间断地生产出无穷无尽的能量，这是人类科学史上的一大丰碑。

不管爱迪生如何反对，交流电取代直流电，成为主流已不可避免，

△ 现在尼亚加拉河上有5座水电站

而特斯拉拥有交流电的专利权。当时每生产1匹交流电（1匹=735瓦），他就可赚取一美元的专利使用费。可是，特斯拉思虑再三，撕掉了交流电的专利，从此交流电成为谁都可以开发和使用的免费发明。

随后，特斯拉便着手研究"免费能源"。

1889年，他在美国科罗拉多州建设实验室，专心研究"特斯拉线圈"。在1895年，当他的发明生涯正处于巅峰之际，一场离奇的火灾将整座实验室烧毁了，他半生研究的心血——所有珍贵的研究设备和科学实验的资料，皆付之一炬，特斯拉在经济上遭受严重损失。

1901年，特斯拉从痛苦中卷土重来，四处寻求合作伙伴，结果他得到世界富豪摩根的15万美元投资及另外100万美元贷款，便在美国长岛始建首座大型"特斯拉线圈"，以供给大西洋两岸"无线通信"和"无线输电"之用。此项世界广播系统被命名为"沃登克里弗计划"。

但1904年，特斯拉不得不停止实验，去打一场官司。1897年，特斯拉在美国获得了无线电技术的专利，然而后来美国专利局将他的无

△ 沃登克里弗塔

线电专利权改判给了英国人马可尼。这次改判，被认为是受到马可尼在美国的经济后盾人物，包括爱迪生和卡耐基影响的结果。特斯拉当然没有这样的影响力，专利权之争以失败告终。充满戏剧性的是，1943年，在特斯拉去世后不久，美国最高法院重新认定特斯拉的专利有效。

沃登克里弗计划于1905年停止，建成的沃登克里弗塔在第一次世界大战中被拆除。1909至1922年，特斯拉注册了机械方面的三项专利——泵、流速计和无叶涡轮。

那之后，特斯拉被视为一个疯狂科学家，因其宣称可以创造怪异的科学发明而被注意。1943年1月7日，特斯拉在纽约一家旅馆，在贫病交加中孤独地死去，然后被大众迅速遗忘。

11
科学超人尼古拉·特斯拉（下）

　　数十年后，美国学者从故纸堆里发掘出特斯拉的故事。他的天才与被遗忘都令人嘘唏。因此，特斯拉又迅速被神话，有人将他称为可与牛顿齐名的千年人物。围绕在他身上的是非、迷雾和奇迹也越来越多。

　　据说，1908年发生的通古斯大爆炸可能是他用沃登克里弗塔试验，进行无线能量传输造成的。

　　据说，1912年，由于特斯拉和爱迪生在电力方面的贡献，两人被同时授予诺贝尔物理学奖，但是两人都拒绝领奖，理由是无法忍受和对方一起分享这一荣誉。

　　据说，特斯拉研究过用电和磁来改变空间和时间的可能性。他操弄一定模式的电磁波去创造出"光之墙"。此神秘之墙能使时间、空间、重力和物质被意志所改变，并产生出一系列似乎只在科幻小说中出现的事物，包括反重力太空船、空间传送和时间旅行。

△ 拆除沃登克里弗塔

　　据说，他最奇异的发明可能就属"意识摄像"机器。特斯拉设想，当一个意识在脑中形成，就会有一个相对应的图案在视网膜上出现，并且这段经由神经元传导的电子档案能被一个机器读出且记录下来。这段资讯能在之后再被一个人工视神经处理，然后回放到银幕上。

　　据说，特斯拉声称他已经完成了《重力的动态理论》。他表示这个理论"在任何细节中都运作得完美无瑕"，而他希望赶快向全世界公布，但这个理论从没被正式出版过。

这些或者是半真半假，或者是子虚乌有的谣传给特斯拉蒙上了一层神秘的面纱。若特斯拉泉下有知，不知做何感想。

特斯拉的主要发明包括：1882年，他继爱迪生发明直流电后不久，即发明了交流电；制造出世界上第一台交流电发电机，并始创多相传电技术；1895年，他替美国尼亚加拉发电站制造发电机组，该发电站至今仍是世界著名水电站之一；1897年，他使马可尼的无线传讯理论成为现实；1898年，他发明了无线电遥控技术并取得专利；1899年，他发明了X光摄影技术。他的其他发明包括：收音机、雷达、传真机、真空管、霓虹光管……甚至以他名字而命名的磁力线密度单位（1Tesla=10 000Gauss）也表明他在磁力学上的贡献。

经查，特斯拉实有专利275项，而不是通常所说的一千多项。即使如此，仅仅因为交流电的普及，我们就应该对他心存感激。

你现在正用着的：电灯、电视、电脑、风扇、空调、电饭锅、电冰箱……哪一样不是用的交流电呢？

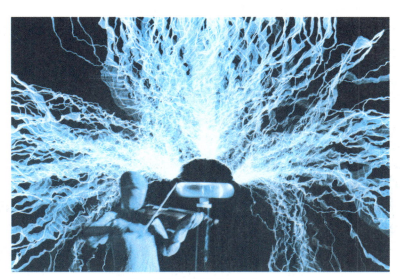

△ 使用特斯拉线圈进行演出

五　从永动机谈起
——能量的神话

1 永动机可能制造得出来吗

　　历史上有不少人希望设计一种机器，这种机器不消耗任何能量，却可以源源不断地对外做功。这种机器被称为永动机。

　　永动机的想法起源于印度，公元1200年前后，这种思想从印度传到了伊斯兰教世界，并从这里传到了西方。在欧洲，早期最著名的一个永动机设计方案是13世纪时一个叫亨内考的法国人提出来的。

　　亨内考设计了一个轮子，轮子中央有一个转动轴，轮子边缘安装着12个可活动的短杆，每个短杆的一端装有一个铁球。方案的设计者认为，右边的球比左边的球离轴远些，因此，右边的球产生的转动力矩要比左边的球产生的转动力矩大。这样轮子就会永无休止地沿着顺时针方向转动下去，并且带动机器转动。这个设计被不少人以不同的形式复制出来，但从未实现永不停息的转动。

　　到了15世纪，伟大的艺术家、科学家和工程师达·芬奇，也投入到了永动机的研究工作中，但他没有成功。1475年，达·芬奇认真总结了历史上的和自己的失败教训，得出了一个重要结论："永动机是不可能造成的。"在工作中他还认识到，

△ 亨内考设计的永动机

机器之所以不能永动下去，应与摩擦有关。于是，他对摩擦进行了深入而有成效的研究。

17世纪和18世纪时期，人们又提出过各种永动机设计方案，有采用"螺旋汲水器"的，有利用轮子的惯性、水的浮力或毛细作用的，也有利用同性磁极之间排斥作用的。但是，所有这些方案都以失败告终，无一例外。

这时一些著名科学家开始认识到了用力学方法不可能制成永动机。

惠更斯在1673年出版的《摆式时钟》一书中指出：在重力作用下，物体绕水平轴转动时，其质心不会上升

△ 达·芬奇

到它下落时的高度之上。因而，他得出用力学方法不可能制成永动机的结论。

随着对永动机不可能的认识，一些国家对永动机给出了限制。早在1775年，法国科学院就决定不再刊载有关永动机的报道。1917年，美国专利局决定不再受理永动机专利的申请。尽管如此，永动机的发明者仍然是前赴后继，顽强地奋斗着。

为什么永动机造不出来呢？因为它违反了自然规律。

总结所谓永动机，大概有两类：

"第一类永动机"，是指不消耗能量而能永远对外做功的机器，之所以不可能造出来，是因为它违反了能量守恒定律。

"第二类永动机"，是指在没有温度差的情况下，从自然界中的海水或空气中不断吸取热量而使之连续地转变为机械能的机器，它违反了热力学第二定律，因此不可能造出来。

下面就分别介绍能量守恒定律和热力学定律。

2
发现能量守恒和转化定律（上）

能量守恒和能量转化定律与细胞学说、进化论合称19世纪自然科学的三大发现。而其中能量守恒和转化定律的发现，却有一个极为困难的过程。

第一个研究能量转移问题的人叫迈尔，德国汉堡人，1840年开始在汉堡独立行医。他对万事总要问个为什么，而且必定亲自观察、研究、实验。1840年2月22日，他作为一名随船医生来到印度。一日，船队在加尔各答登陆，船员因水土不服都生起病来，于是迈尔用老办法给船员们放血治疗。在德国，医治这种病时只需在病人静脉血管上扎一针，就会放出一股黑红的血来，可是在这里，从静脉里流出的仍然是鲜红的血。于是，迈尔开始思考：人的血液之所以是红的是因为里面含有氧，氧在人体内燃烧产生热量，维持人的体温。这里天气炎热，人要维持体温不需要燃烧那么多氧了，所以静脉里的血仍然是鲜红的。那么，人身上的热量到底是从哪来的？顶多500克的心脏，它的运动根本无法产生如此多的热，无法光靠它维持人的体温。其实体温是靠全身血肉来维持的，能量是从人吃的食物而来，不论吃肉吃菜，归根结底都是由植物而来，植物是靠太阳的光热而生长的。太阳的光和热是从哪里来的呢？太阳如果是一块煤，那么它

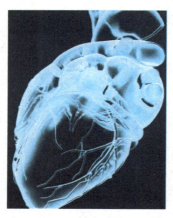

△ 心脏泵动全身能量

已经烧了4 600年（当时认为的太阳的岁数），这当然不可能，那一定是别的原因了，是我们未知的能量了。于是，他大胆地推算出，太阳中心

温度约为2 750万度（现在我们知道是1 500万度）。

迈尔越想越多，最后归结到一点：能量如何转化（转移）？

他一回到汉堡就写了一篇《论无机界的力》，并用自己的方法测得热功当量为365千克米/千卡。他将论文投到《物理年鉴》，却得不到发表，只好发表在一本名不见经传的医学杂志上。他到处演说："你们看，太阳挥洒着光与热，地球上的植物吸收了它们，并生出化学物质……"可是，物理学家们也无法相信他的话，很不尊敬地称他为"疯子"，而迈尔的家人也怀疑他疯了，竟要请医生来医治他。

他不仅在学术上不被人理解，而且又先后经历了生活上的打击，幼子去世、弟弟也因革命活动受到牵连……在一连串的打击中，迈尔于1849年从三层楼上跳下自杀，虽然没有死，却造成双腿伤残，从而成了跛子。随后他被送到哥根廷精神病院，遭受了八年的非人折磨。

1858年，世界又重新发现了迈尔，他从精神病院出来以后，被瑞士巴塞尔自然科学院授为荣誉博士。晚年的迈尔也可以说是苦尽甘来，先后获得了英国皇家学会的科普利奖章等荣誉。1878年3月20日，迈尔在海尔布逝世。

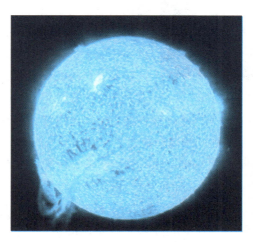

△ 古人曾经认为太阳是由燃烧的煤组成

3 发现能量守恒和转化定律（下）

迈尔之后，英国人焦耳（1818—1889）也开始研究能量的问题。他自幼在道尔顿门下学习化学、数学、物理，他一边经营父亲留下的啤酒厂，一边搞科学研究。1840年，他发现将通电的金属丝放入水中，水会发热，通过精密的测试，他发现：通电导体所产生的热量与电流强度的平方、导体的电阻和通电时间成正比。这就是焦耳定律。

△ 焦耳

1841年10月，他的论文在《哲学杂志》上刊出。随后，他又发现无论化学能还是电能所产生的热都相当于一定的功，并测得热功当量值为1千卡热量相当于460千克米的机械功。1845年，他带上自己的实验仪器及报告，参加在剑桥举行的学术会议。他当场做完实验，并宣布：自然界的力（能）是不能毁灭的，哪里消耗了机械力（能），总得到相当的热。可台下那些赫赫有名的大科学家对这种新理论都摇头，连法拉第也说："这不太可能吧。"

焦耳没有把人们的不理解放在心上，他回家继续做着实验，这样一直做了40年，他把热功当量精确到了423.9千克米/千卡。1847年，他带着自己新设计的实验又来到英国科学协会的会议现场。在他极力恳求下，会议主席才给他很少的时间让他只做实验，不做报告。焦耳一边当众演示他的新实验，一边解释："你们看，机械能是可以定量地转化为热的，反之，1千卡的热也可以转化为423.9千克米的功……"

突然，台下有人大叫道："胡说，热是一种物质，是热素，与功毫无关系。"喊的人叫威廉·汤姆孙，是个数学教授，乃是一位8岁就随父亲去大学听课、10岁正式考入该大学的奇才。他后来授勋成为爱尔兰第一代开尔文男爵，热力学温标由他发明，符号K就是来自他的封号。

△ 开尔文男爵对于物理学的贡献无可替代

面对权威的质问，焦耳冷静地回答道："热不能做功，那蒸汽机的活塞为什么会动？能量要是不守恒，永动机为什么总也造不成？"焦耳平淡的几句话顿时使全场鸦雀无声。台下的教授们不由得认真思考起来，有的对焦耳的仪器左看右看，有的就开始争论起来。

汤姆孙碰了钉子后，也开始思考，他自己开始做实验、找资料，没想到竟发现了迈尔几年前发表的那篇文章，其思想与焦耳的完全一致！他并不保守，意识到自己的错误之后，立刻带上自己的实验成果和迈尔的论文去找焦耳，向焦耳请罪，请求与焦耳共同探讨这个发现。

从此，焦耳和汤姆孙成了一对密友。汤姆孙毕竟受过专门训练，1853年，他帮助焦耳终于完成了关于能量守恒和转化定律的精确表述。后来两人又合作发现了著名的汤姆孙—焦耳效应，即气体受压通过窄孔后会发生膨胀降温，为近代低温工程奠定了基础。

这是一个格外令人感动的故事。故事里，既有焦耳的坚持不懈，也有汤姆孙的知错就改。类似焦耳和汤姆孙的友谊在整个科学史上也不多见，想想牛顿对莱布尼茨的种种迫害，这份感慨就更加强烈。

4
能量的知识

在物理学中，从开门的经典力学到宇宙学、相对论和量子力学，能量是最中心的概念。

一般在常用语中或在科普读物中，能量是一个系统能够释放出来的或者可以从中获得的、可以相当于做一定量的功。

那到底什么是能量呢？

世界万物是不断运动着的，在物质的一切属性中，运动是最基本的属性，其他属性都是运动属性的具体表现。物质的运动形式是多种多样的，对于每一个具体的物质运动形式，存在相应的能量形式。例如：与宏观物体的机械运动对应的能量形式是动能；与分子运动对应的能量形式是热能；与原子运动对应的能量形式是化学能；与带电粒子的定向运动对应的能量形式是电能；与光子运动对应的能量形式是光能。

因此，能量就是物质运动的形式。

△ 威力巨大的核能仍然不完全受人类的控制

关于能量的两点知识：

（1）自然界中不同的能量形式与不同的运动形式相对应。比如物体运动具有机械能，分子运动具有内能，电荷的运动具有电能，原子核内部的运动具有原子能等等。

（2）不同形式的能量之间可以相互转化。摩擦生热是通过克服摩擦做功将机械能转化为内能；水壶中的水沸腾时水蒸气对壶盖做功将壶盖顶起，表明内能转化为机械能；电流通过电热丝做功可将电能转化为内能等等。这些实例说明了不同形式的能量之间可以相互转化，且是通过做功来完成这一转化过程的。

能量转化和守恒定律正是不同形式的能量之间相互转化的规律，具体表述如下：能量既不会消灭、也不会创生，它只会从一种形式转化为其他形式，或者从一个物体转移到另一个物体，而在能量的转化过程中，能量的总和保持不变。

第一种永动机指望不消耗能量而能永远对外做功，违反了能量转化和守恒定律，因此是不可能造出来的。

能量转化和守恒定律，是自然界最普遍、最重要的基本定律之一。从物理、化学到地质、生物，大到宇宙天体，小到原子核内部，只要有能量转化，就一定服从能量守恒的规律。从日常生活到科学研究、工程技术，这一规律都发挥着重要的作用。人类对各种能量，如煤、石油等燃料

△ 世界万物皆遵循能量转化和守恒

以及水能、风能、核能等的利用，都是通过能量转化来实现的。

时至今日，能量转化和守恒定律仍然是力学乃至整个自然科学的重要定律。不过它仍然会发展。目前有研究者认为，能量守恒定律需要条件限制，它并不是在任何情况任何时空都是普适的，认为时间平移不变性是能量守恒的条件。还有研究者通过分析能量守恒定律，认为各种形式能量的转换遵循等量转换原则是能量守恒定律成立的基本条件。

人们对于能量守恒定律的认识和研究还需要更进一步地深入。

5
热力学四大定律

古代人类早就学会了取火和用火，后来才注意探究热、冷现象本身，直到17世纪末还不能正确区分温度和热量这两个基本概念的本质。在当时流行的"热质说"统治下，人们误认为物体的温度高是由于储存的热质数量多。

1709至1714年华氏温标和1742至1745年摄氏温标的建立，才使温度测量有了公认的标准。随后又发展了量热技术，为科学地观测热现象提供了测试手段，使热力学走上了近代实验科学的道路。

到18世纪末期，热力学发展起来，成为19世纪最热门的学科之一。热力学主要是研究功与热之间的能量转换。经过近两百年的发展，热力学已经形成一个完整的学科体系，四大定律是其四大支柱。

△ 火是人类掌握的第一种能量

热力学第零定律——如果两个热力学系统中的每一个都与第三个热力学系统处于热平衡（温度相同），则它们彼此也必定处于热平衡。

热力学第一定律——在一个封闭系统里，所有种类的能量，形式可以转化，但既不能凭空产生，也不会凭空消失。

是不是觉得这种说法很熟悉？好像刚刚见过？没错，热力学第一定律其实就是将我们刚介绍过的能量转化和守恒定律应用到热力学上的结果，是后者在一切涉及热现象的宏观过程中的具体表现。热力学第一定律反映了能量守恒和转换时应该遵从的关系，它引进的系统的状态函数是内能。通过做功、传热，系统与外界交换能量，内能改变。因此，热力学第一定律也可以表述为：第一类永动机是不可能制造成功的。

热力学第二定律——热量不能自动地从低温物体流向高温物体，但是会自动地从高温物体流向低温物体。

第二定律指出一切涉及热现象的宏观过程是不可逆的。它阐明了在这些过程中能量转换或传递的方向、条件和限度。相应的状态函数是熵，熵的变化指明了热力学过程进行的方向，熵的大小反映了系统所处状态的稳定性。

热力学第三定律——绝对零度是不可能达到的。

绝对零度是理论上所能达到的最低温度，在此温度下物体没有内能。–273.15℃即为绝对零度。在此温度下，构成物质的所有分子和原子均停止运动。所谓运动，系指所有空间、机械、分子以及振动等运动，还包括某些形式的电子运动，然而它并不包括量子力学概念中的"零点运动"。除非瓦解运动粒子的聚集系统，否则就不能停止这种运动。从这一定义的性质来看，绝对零度是不可能在任何实验中达到的。

△ 圣斗士冰河说他能制造绝对零度，这是不科学的

上述热力学定律以及三个基本状态函数，即温度、内能和熵，构成了完整的热力学理论体系。为了在各种不同条件下讨论系统状态的热力学特性，还引入了一些辅助的状态函数，如亥姆霍兹函数（自由能）、吉布斯函数等。

6 可恨的熵妖（上）

　　热力学第二定律是人类经验的总结，它不能从其他更普遍的定律推导出来，但是迄今为止没有一个实验事实与之相违背，它是基本的自然法则之一。

　　在研究热力学第二定律的过程中，1850年，德国物理学家克劳修斯首次提出"熵"的概念。熵是个令人讨厌的概念，它就像妖精一样可恨。所以这里先讲"熵"这个词儿相当有趣的历史。

△　克劳修斯是熵的提出者

　　熵的德文是"Entropie"。这个单词是克劳修斯自己创造的，在他的论文《热的动力理论的基本方程的几种方便形式》中，他谈到了取名的缘由："但我认为更好的是，把这个在科学上如此重要的量（指熵）的名称取自古老的语言，并使它能用于所有新语言之中，那么我建议根据希腊字 η τ ρ ο π η，即转变一字，把量S称为物体的Entropie（即熵），我故意把字Entropie构造得尽可能与字Energie（能）相似，因为这两个量在物理意义上彼此如此接近，在名称上有相同性，我认为是恰当的。"

　　1923年5月25日，德国科学家普朗克在南京东南大学做《热力学第二定律及熵之观念》的报告时，说到了"Entropie"，这个生词的确太难翻译了！但才华横溢的著名物理学家胡刚复教授在翻译的时候，灵光一闪，也学着克劳修斯创造了一个新的汉字——熵。而这个翻译真可谓是妙趣横生，热量与温度之比是"商"，而加个"火"就意味着热学量，不仅物理含义吻合得相当好，还与克劳修斯的"Entropie"的来源互相照应！妙哉！就这样，我们浩瀚的汉文字库又多了一个妙不可言的汉字。

那么，到底什么是熵呢？

熵，用来表示任何一种能量在空间中分布的均匀程度。能量分布得越均匀，熵就越大。一个体系的能量完全均匀分布时，这个系统的熵就达到最大值。在克劳修斯看来，一个系统中，如果听任它自然发展，那么，能量差总是倾向于消除的。让一个热物体同一个冷物体接触，热就会以下面所说的方式流动：热物体将冷却，冷物体将变热，直到两个物体达到相同的温度为止。

什么意思呢？这就是说，虽然能量的总量守恒，但能量的"质"不守恒，而且逐步下降。例如，电池充电之后，过一段时间便失去了原有的功能，除非再充电，补充能量，才能恢复原来的功能。燃烧的热辐射出去，如同泼出去的水，很难再收回，很难让它重新聚集起来。

熵的增加就意味着有效能量的减少。不管自然界发生什么事情，都会有一定的能量转化为不再做功的无效能量。环境污染，就是世界上无效能量的总和。直白地讲，各种废渣、废水和废气——现在困扰地球人类的环境污染问题都是熵的结果。

△ 环境污染就是熵不断增加的结果

7

可恨的熵妖（下）

　　熵的概念很快被移植到社会学中，用来表示人类社会随着科学技术的发展及文明程度的提高，社会"熵"——即社会生存状态及社会价值观的混乱程度将不断增加。

　　多次获诺贝尔文学奖提名的托马斯·品钦在大学毕业之后发表在杂志上的短篇小说《熵》，即阐释了熵的社会学概念。大量人类制造的化工产品、能源产品一经使用，不可能再变成有利的东西，宇宙本身在物质的增殖中走向"热寂"，走向一种缓慢的熵值不断增加的死亡。眼下人类社会正是这个样子：大量的产品和能源转化成不能逆转的东西，垃圾越来越多，人类社会逐步地走向一个恶化的热寂死亡状态。托马斯·品钦后来主要的小说不断地阐释这个熵的世界观。

△ 托马斯·品钦

　　熵增不可避免，世界不可逆转地走向无序。熵这么可恨，于是有人直接称之为"熵妖"。

　　可为什么我们活得好好的呢？

　　1929年，利奥·西拉德提出了"负熵"这个经典热力学中从未出现过的概念。熵增的实质是物质系统的无序化，而负熵是物质系统有序化、组织化、复杂化状态的一种量度。

　　1944年，薛定谔出版《生命是什么？》一书，明确地论述了负熵的概念，并且把它应用到生物学问题中，提出了"生物赖负熵为生"（或译"生物以负熵为食"）的名言。

从自然科学的角度看，人类的发展过程实际上就是有序化的增长过程，人类的一切生产与消费实际上就是"负熵"的创造与消耗；从社会科学的角度看，人类的发展过程实际上就是劳动能力或社会生产力的增强过程，人类的一切生产与消费实际上就是"价值"的创造与消耗。合起来的意思就是，生命就是一种负熵。然而，无论是自然科学家还是社会科学家，既不承认"负熵与价值毫不相干"，也不承认"负熵就是价值，价值就是负熵"。

所以，对于负熵是否存在，科学家们也没有达成共识。

想要进一步了解熵，这里需要补充解释几个概念：

（1）开放系统与环境之间既有能量传递，也有物质传递。

（2）封闭系统与环境之间只有能量传递，没有物质传递。

（3）孤立系统与环境之间既没有能量传递，也没有物质传递。

孤立系统总是趋向于熵增，最终达到熵的最大状态，也就是系统的最混乱无序状态。但是，对开放系统而言，由于它可以将内部能量交换产生的熵增通过向环境释放热量的方式转移，所以开放系统有可能趋向熵减而达到有序状态。

幸好，地球并非严格意义上的孤立系统，充其量，地球算是一个封闭系统，因为地球从太阳那里获取了太多的能量。饶是如此，熵增现象在地球上也是随处可见的。

地球并非严格意义上的孤立系统 ▷

8
热寂说与宇宙的未来

　　"热寂说"是热力学第二定律的宇宙学推论,这一推论是否正确,引起了科学界和哲学界一百多年持续不断的争论。由于涉及宇宙未来、人类命运等重大问题,因而它所波及和影响的范围已经远远超出了科学界和哲学界,成了近代史上一桩最令人懊恼的文化疑案。

　　热寂说的思想产生于19世纪50年代初,几乎是伴随热力学第二定律的产生而产生的,开尔文和克劳修斯都进行过相关思考。然而最先提出"热寂说"的应该是开尔文而非克劳修斯。

　　热寂说的具体内容是这样的:根据热力学第二定律,作为一个"孤立"的系统,宇宙的熵会随着时间的流逝而增加,由有序向无序,当宇宙的熵达到最大值时,宇宙中的其他有效能量已经全数转化为热能,所有物质温度达到热平衡。世界越来越冷却,宇宙中的温度越来越平均化,因此,最后将出现一个一切生命都不能生存的时刻,整个宇宙将由一个围着另一个转的冰冻的球体所组成。这种状态称为热寂。这样的宇宙再也没有任何可以维持运动或是生命的能量存在。

　　△ 热寂说预言了一个毫无希望的可怕的未来

热寂说一经提出，即在科学界引起了轩然大波。

首先对热寂说提出诘难的是麦克斯韦。1871年，他在《热理论》一书的末章"热力学第二定律的限制"中，设计了一个假想的存在物——"麦克斯韦妖"。麦克斯韦认为，只有当我们能够处理的只是大块的物体而无法看出或处理借以构成物体分离的分子时，热力学第二定律才是正确的，并由此提出应当对热力学第二定律的应用范围加以限制。

那之后，更多的科学家站出来反对热寂说。

热寂说之所以受到如此之多的反对，是因为它展示了一个毫无希望的未来。哲学家罗素发出这样悲观的感叹："一切时代的结晶，一切信仰，一切灵感，一切人类天才的光华，都注定要随太阳系的崩溃而毁灭。人类全部成就的神殿将不可避免地会被埋葬在崩溃宇宙的废墟之中——所有这一切，几乎如此之肯定，任何否定它们的哲学都毫无成功的希望。唯有相信这些事实真相，唯有在绝望面前不屈不挠，才能够安全地筑起灵魂的未来寄托。"即使是像控制论之父维纳这样的科学巨匠，最终也"控制"不住自己沮丧的感情，几乎是在绝望中悲叹："我们迟早会死去，很有可能，当世界走向统一的庞大的热平衡状态，那里不再发生任何真正新的东西时，我们周围的宇宙将由于热寂而死去，什么也没有留下……"

△　热寂说展示了一个毫无希望的未来

9
对"热寂说"的反驳

一百多年来，许多杰出的科学家都为解决宇宙"热寂"这一世界性疑案呕心沥血，提出了各种宇宙模型和假说。但由于这些假说或模型存在着理论上不可克服的困难和缺乏宇宙观测事实的支持，最终都没有对"热寂说"构成威胁。这种情况一直延续到20世纪大爆炸宇宙论兴起。

大爆炸宇宙理论认为：宇宙大约是在150亿年以前，由高温高密的物质与能量的"大爆炸"而形成。随着宇宙的不断膨胀，其中的温度不断降低，物质密度也不断减小，逐渐衍生成众多的星系、星体、行星等，直至出现生命。经过哈勃红移、氦元素丰度和3K微波背景辐射等三个强有力的证据，终于在20世纪60年代获得了科学界的公认，并成为现代宇宙学的标准模型。

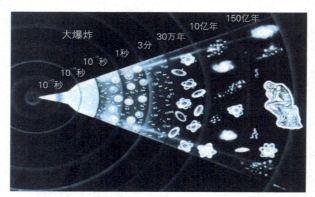

△ 宇宙大爆炸模型

依照宇宙大爆炸模型，宇宙不但不会死，反而会从早期的热寂状态（热平衡态）下生机勃勃地复苏，热寂说由此被推翻。

然而，人类的欢呼似乎来得早了一点。尽管热力学意义上的宇宙

"热寂"状态永远不会到来，但宇宙的命运却不会因此而变得更加令人乐观。宇宙的结局完全取决于它的初始条件，宇宙的创生与终结始终紧密相连。大爆炸理论发现了宇宙起源的真相，同时也预言了它遥远的未来。

在大爆炸理论中有一个极其重要的参量，如果这个常数小于1，就表明宇宙是膨胀的，并且一直膨胀下去；如果这个常数大于1，则表示宇宙起初膨胀，到达一定时刻后，就将转化为收缩；如果这个常数等于1，则宇宙处于两者之间的临界状态。

由于大多数人承认的观测结果是小于1，因此宇宙一直永远膨胀下去成为最可能的一种状态。那时，宇宙会无限地趋近于绝对零度，最终达到另一种意义上的"冷寂"。

宇宙另一种可能的状态是，当膨胀达到最高点时宇宙开始收缩，温度又重新上升。当宇宙不断收缩至越来越接近它的最后阶段时，引力成为占绝对优势的作用，所有的物质都将因挤压而不复存在，包括时空本身在内的一切有形的东西统统将被消灭，只剩下一个时空奇点。

无论宇宙最后出现哪一种状态，其结果对人类来说都将是灭顶之灾。

当然，还存在着一些其他的并非毫无科学根据的宇宙模型，也许会带给人类新的光明和希望。人类不应该气馁。宇宙的未来尚未确定，我们还没有一个写在纸上并保证会实现的未来。我们的后代也许还有数十亿年甚至数万亿年的时间来对付这场最后的"大屠杀"。在这段时间里，生命也许能够扩展到整个宇宙……并对它加以控制，因此他们可以调整自己的位置，支配一切可能的资源来对抗这场大危机。

△　我们还没有一个写在纸上并保证会实现的未来

10
永动机失败的启示

　　历史上曾经无数人痴迷于永动机的设计和制造，在热力学体系建立之前，这些人中既有科学家，也有希望借此成名发财的投机者，而热力学体系建立后，致力于永动机设计的除了希望打破现有科学体系的"民间科学家"外，更多的则是一些借永动机之名牟取钱财的骗子。历史上著名的永动机骗局有：

　　1714年，德国人奥尔菲留斯声称发明了一部名为自动轮的永动机，这部机器每分钟旋转60转，并能够将16千克的物体提高相当的高度。一位来自波兰的州长在验看了安放自动轮的房间后，派军队把守这座房屋，40天后他发现自动轮仍在转动，便给奥尔菲留斯颁发了鉴定证书。奥尔菲留斯靠展出自动轮获取了大量金钱，俄国沙皇彼得一世甚至与他达成价值10万卢布的购买协议。最终由于奥尔菲留斯的太太与女仆发生争执，女仆愤而曝光，原来自动轮是依靠隐藏在房间夹壁墙中的女仆牵动缆绳运转的，整个事件是一个骗局。

　　中国哈尔滨人王洪成曾在1984年提出一个永动机方案，他利用自己设计的永动机驱动自家的洗衣机、电扇等装置运转，不久骗局被揭穿，他制作的永动机模型是用隐藏的纽扣电池驱动的一个电动马达，而供应洗衣机、电扇运转的则是暗藏在地下的电线。1998年，王洪成的另一个骗局"水变油"被揭穿，他本人也因此入狱。

　　1980年的巴黎博览会上，曾展出过一种"永动机装置"。这个装置是一个不停转动的大轮子，参观博览会的观众对这架永动机非常好奇，纷纷逆旋转方向推动轮盘，以期阻止轮子的转动。实际上，这个永动装置的设计者正是利用了观众的好奇心，让他们向后转动轮盘的动作为永动机上紧发条，维持装置的运转。

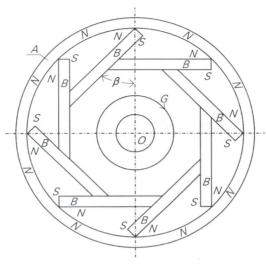

△　某人设计的磁永动机

　　纵观近现代史，科学在不断进步，永动机的研究却从来没有停止。世界上不知有多少民间科学家甚至专家、学者、教授，花费了大量宝贵的时间、金钱、心血来坚持不懈地寻找这样一种不存在的事物，不能不令人扼腕。

　　然而，追寻永动机的失败经历，也可以给我们两点启示：

　　首先，失败的经历也有积极的科学研究价值。永动机的种种设计方案的失败，引起了人们的反思，启发了能量转化和守恒的思想，成为能量转化和守恒原理建立的思考线索之一。

　　其次，要依据科学规律办事。历史上追求永动机的人们，并不是因为他们没有良好的愿望，也不是他们缺乏刻苦钻研的精神，只是由于他们做的是违背客观规律的工作。在人们还没有认识能量传递和转化的规律之前，对那些寻求永动机的努力的失败，我们只能感到遗憾，但是，如果在今天还有人去设计永动机，那他就是愚蠢了。

六　如果飞得像光一样快
——相对论

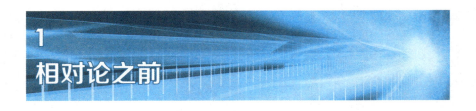

1

相对论之前

19世纪末，科学已经发展到了一个相当高的水平，整个经典物理学从牛顿的经典力学到麦克斯韦的电磁场理论，已达到了完美、精确和成熟的阶段。当时被人们公认为物理学权威的开尔文男爵——你应该还记得这位在热力学上做出过卓越贡献的物理学家吧——在19世纪末的物理学年会上指出："未来的物理学真理，将不得不在小数点后第六位去寻找了。"

但同时，他也敏锐地指出，现在在"物理学晴朗天空上"飘着"两朵乌云"。这两朵乌云，一朵叫作"以太漂移实验的零结果"，另一朵叫作"黑体辐射引起的紫外灾难"。

开尔文男爵的直觉是正确的。对前一朵"乌云"的研究，导致了相对论的创立；对后一朵"乌云"的研究，使量子力学从一片乱麻中问世。而相对论和量子力学，被认为是20世纪物理学的两大成就。

再高深的理论也不可能凭空产生，都是建立在前人的研究和理论基础之上的。就狭义相对论而言，站在爱因斯坦之前的有这样的一些人。

1887年，迈克耳孙和莫雷利用光的干涉现象进行了非常精确的测量，没有发现地球有相对于"以太"的任何运动。这便是开尔文男爵所说的第一朵"乌云"：以太漂移实验的零结果。

为了挽救以太学说，当时居于物理学统帅地位的洛伦兹于1892年提出了"收缩假说"。他认为一切在以太中运动的物体都要沿运动方向收缩。正是这个收缩，抵消了以太对光速的影响。因此，即使地球相对以太有运动，迈克耳孙也不可能发现它。1904年，洛伦兹又抛出一组数学变换关系来解释"收缩假说"，这就是"洛伦兹变换"。

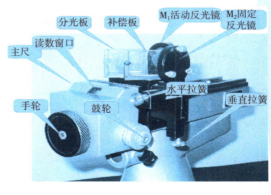

△　现代版的迈克耳孙-莫雷干涉仪

爱因斯坦后来说："洛伦兹是我们时代最伟大和最高尚的人，他是我一生中影响最大的人。"

彭加勒对爱因斯坦影响也很大。

1900年，彭加勒指出，我们实际上根本感觉不出在两个不同的地点的两件事是同时发生的。而这正是后来爱因斯坦相对论的突破口，也是狭义相对论的核心问题。

彭加勒还天才地指出洛伦兹变换的物理意义，他预言说："也许将会建立一个全新的力学，在这个全新的力学中，惯性随速率增加，光速将成为不可逾越的极限。"如你所知，彭加勒的这个预言成真了。

影响过爱因斯坦的还有两个哲学家。

马赫一方面高度评价了牛顿力学无与伦比的科学价值，另一方面又有力地批判了牛顿的绝对时空观。休谟则指出：空间和时间不是别的，而是按一定次序分布的可见的对象充满空间，而时间总是由能够变化的对象的可觉察的变化而发现的。

但是，洛伦兹、彭加勒也好，马赫、休谟也罢，都只是对爱因斯坦起到了启发作用。相对论的建立只能由一个没有受过经典力学体系深刻影响的人才能完成，这个人就是——阿尔伯特·爱因斯坦。

2 狭义相对论的诞生

1900年8月，爱因斯坦从苏黎世联邦工业大学毕业，哪里知道，一毕业就失业，到处写求职信都没有成功。直到两年后，爱因斯坦才在伯尔尼专利局找到了工作。那以后，爱因斯坦唯一的乐趣就是和一群喜欢科学的同龄人在一个叫"奥林匹亚"的小咖啡馆里讨论。这群人戏称自己为"奥林匹亚科学院"。他们在一起讨论当时哲学和自然科学最前沿的重大课题。洛伦兹、彭加勒、马赫、休谟、黎曼……都是他们的讨论对象。爱因斯坦在其中如鱼得水。

△ 还是专利局小职员的爱因斯坦

在与同伴的讨论中，爱因斯坦渐渐产生了一个与经典物理学完全不同的观点：光的传播为什么一定要有以太这种物质呢？为什么一定要有一个特殊的参照系？为什么存在一个所谓的"绝对空间"呢？

1905年6月，26岁的爱因斯坦发表了名为"论动体的电动力学"的论文。在科学史上，这是一篇非常特别的论文。很短，全文只有9 000多字，没有引用任何科学文献，完全是作者自己的科学思想和哲学思想的描述。在文章的结尾，作者对"奥林匹亚科学院"的朋友们表示了感谢。一个专利局的小职员发表了一篇论文，根本就是小事一桩，甚至几年之后，仍然没有人理睬它。然而，100年之后，任何人写科学史都需要用光辉灿烂的金色大字写道：1905年，物理学发生了革命，伟大的相对论诞生了。

 六

如果飞得像光一样快——相对论

与有些倒霉的科学家相比，可以说爱因斯坦是幸运的。他的论文发表之后，被一个人看到了。这个人就是德国著名科学家、量子力学的创始人普朗克教授。看过爱因斯坦的《论动体的电动力学》之后，他立刻意识到这篇论文的重要性。普朗克提笔给爱因斯坦写了一封热情洋溢的信，信中称赞他说："你这篇论文发表之后，将会发生这样的战斗，只有为哥白尼的世界观进行过的战斗才能和它相比。"

事实证明，普朗克说对了。所谓慧眼识英雄，说的就是这样的人和事吧。

△ 名副其实的爱因斯坦教授

普朗克还将爱因斯坦的论文在大学里宣讲。另一位德国著名物理学家、诺贝尔奖获得者劳厄听了普朗克的介绍，兴冲冲地跑到伯尔尼大学去找"爱因斯坦教授"。到了伯尔尼一打听才知道，根本没有什么爱因斯坦教授，这位物理学的革命家，此刻不过是伯尔尼专利局的一个小职员。

直到1908年，伯尔尼大学才聘请爱因斯坦当"编外讲师"。第二年，他的母校，苏黎世联邦工业大学才聘请他为"副教授"。1912年，爱因斯坦当上了教授，1913年，应普朗克之邀担任新成立的威廉皇帝物理研究所所长和柏林大学教授。爱因斯坦这才正式成为"爱因斯坦教授"。

难能可贵的是，爱因斯坦并没有满足，在别人还没有完全理解他那些理论的重大意义时，他已经开始了新的征程，那便是广义相对论。

3

解读狭义相对论

在狭义相对论中，爱因斯坦用了两个基本假设：

（1）物理规律在所有惯性系中都具有相同的形式。

（2）在所有的惯性系中，光在真空中的传播速率 c 具有相同的值。

第一个原理叫相对性原理。它是说：如果坐标系 K' 相对于坐标系 K 作匀速运动而没有转动，则相对于这两个坐标系所做的任何物理实验，都不可能区分哪个是坐标系 K，哪个是坐标系 K'。

第二个原理叫光速不变原理，它是说光（在真空中）的速率 c 是恒定的，它不依赖于发光物体的运动速率。

从表面上看，光速不变似乎与相对性原理冲突。因为按照经典力学速率的合成法则，对于 K' 和 K 这两个做相对匀速运动的坐标系，光速应该不一样。爱因斯坦认为，要承认这两个假设没有抵触，就必须重新分析时间与空间的物理概念。

爱因斯坦发现，如果承认光速不变原理与相对性原理是相容的，那么这两条假设都必须摒弃。这时，对一个钟是同时发生的事件，对另一个钟不一定是同时的，同时性有了相对性。在两个有相对运动的坐标系中，测量两个特定点之间的距离得到的数值不再相等，距离也有了相对性。相对论由此得名。

在狭义相对论中有几个十分有趣的结论：

第一个结论是，运动着的物体会缩短。

一个物体在它相对于观察者静止时最长，而当他相对于观察者运动时，

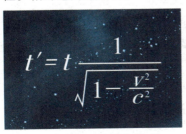

$$t' = t \cdot \frac{1}{\sqrt{1 - \dfrac{v^2}{c^2}}}$$

△ 狭义相对论的方程式

将沿运动的方向收缩，变短。速率越快，缩得越短。

第二个结论是，运动着的时钟会变慢。

一只时钟相对于观察者静止时走得最快，如果它相对于观察者运动时，就走得慢了。这个结论还有一个有趣的推论，当时钟的速率超过光速的时候，计算出来的时间为负值，也就是说，回到过去了。这就是时间旅行的原理之一，不过，别高兴得太早，看了第三个结论再说。

第三个结论是，真空中的光速c是一切物体的极限速率。

这是因为，质量是一个变化的量，它会随着物体运动速率的增加而增加。当物体的运动速率趋于光速时，物体的质量将趋于无穷大，因此也就不能再被加速了。

第四个结论是，质量和能量有极为紧密的联系。

在爱因斯坦以前，物理学家一直认为质量和能量是截然不同的，它们是分别守恒的量。爱因斯坦发现，在相对论中，质量与能量密不可分，两个守恒定律可以结合为一个定律。他给出了一个著名的质量—能量公式：$E=mc^2$，其中c为光速。计算表明，微小的质量蕴涵着巨大的能量。不过，现代技术还不能把物质中的全部能量释放出来。我们所熟知的威力巨大的核能也只是利用了原子核中一小部分质量所蕴藏的能量。

△　狭义相对论是核弹的理论基础

第五个结论是，时间是四维时空中的第四维，从根本上改变了世人对于时空的看法。

4

广义相对论的建立

狭义相对论建立以后，对物理学起到了巨大的推动作用。然而，在成功的背后，却有两个遗留下的原则性问题没有解决。

第一个是惯性系所引起的困难。抛弃了绝对时空后，惯性系成了无法定义的概念。我们可以说惯性系是惯性定律在其中成立的参考系。惯性定律实质是一个不受外力的物体保持静止或匀速直线运动的状态。然而，"不受外力"是什么意思？

第二个是万有引力引起的困难。万有引力定律与绝对时空紧密相连，必须修正，但万有引力无法纳入狭义相对论的框架。

爱因斯坦很早就意识到狭义相对论是不完美的。他只用了几个星期就建立起了狭义相对论，然而为解决这两个困难，建立起广义相对论却用了整整十年时间。

为解决第一个问题，爱因斯坦干脆取消了惯性系在理论中的特殊地位，把相对性原理推广到非惯性系。因此第一个问题转化为非惯性系的时空结构问题。在非惯性系中遇到的第一只拦路虎就是惯性力。在深入研究了惯性力后，他提出了著名的等效原理，发现参考系问题有可能和引力问题一并解决。几经周折，爱因斯坦终于建立了完整的广义相对论。广义相对论让所有物理学家大吃一惊，引力远比想象中的复杂得多。至今，爱因斯坦的场方程也只得到了为数不多的几个确定解，它那优美的数学形式令物理学家们叹为观止。

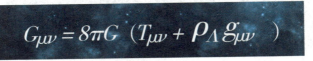

$$G_{\mu\nu} = 8\pi G \ (T_{\mu\nu} + \rho_\Lambda g_{\mu\nu} \ )$$

△ 广义相对论的方程式

　　狭义相对性原理仅限于两个相对做匀速运动的坐标系，而在广义相对性原理中匀速运动这个限制被取消了。爱因斯坦引入了一个等效原理，认为我们不可能区分引力效应和非匀速运动，即任何加速和引力是等效的。他进而分析了光线在靠近一个行星附近穿过时会受到引力而弯折的现象，认为引力的概念本身完全不必要。可以认为行星的质量使它附近的空间变得弯曲，光线走的是最短路线。

　　基于这些讨论，爱因斯坦导出了一组方程，它们可以确定由物质的存在而产生的弯曲空间几何。利用这个方程，爱因斯坦计算了水星近日点的位移量，与实验观测值完全一致，解决了一个长期解释不了的困难问题，这使爱因斯坦激动不已。

△　广义相对论的手稿

　　1915年11月25日，爱因斯坦把题为"万有引力方程"的论文提交给了柏林的普鲁士科学院，完整地论述了广义相对论。后来，爱因斯坦曾经对他的"得意门生"，波兰物理学家英费尔德讲过："要是我没有发现狭义相对论，也会有别人发现，问题已经成熟了。广义相对论不是这样。"

5
广义相对论的验证

　　爱因斯坦在建立广义相对论时，就提出了三个实验方案来验证自己的理论：

　　（1）引力红移

　　广义相对论证明，引力势低的地方固有时间的流逝速率慢。也就是说，离天体越近，时间越慢。这样，天体表面原子发出的光周期变长，由于光速不变，相应的频率变小，在光谱中向红光方向移动，称为引力红移。宇宙中有很多致密的天体，可以测量它们发出的光的频率，并与地球的相应原子发出的光做比较，发现红移量与相对论预言一致。

△　广义相对论预言了引力红移的存在

　　（2）光线偏折

　　如果按光的波动说，光在引力场中不应该有任何偏折，按半经典式的"量子论加牛顿引力论"的混合产物，用普朗克公式 $E=h\nu$ 和质能公

式 $E=mc^2$ 求出光子的质量，再用牛顿万有引力定律得到的太阳附近的光的偏折角是0.87秒，按广义相对论计算的偏折角是1.75秒，为上述角度的两倍。爱因斯坦曾在论文中预言：星光经过太阳会发生偏折，偏折角度相当于牛顿理论所预言的数值的两倍。

1919年，第一次世界大战刚结束，英国科学家爱丁顿派出两支考察队，利用日食的机会观测，观测的结果约为1.7秒，刚好在相对论实验误差范围之内。引起误差的主要原因是太阳大气对光线的偏折。这一观察结果于当年11月6日在英国皇家学会和皇家天文学会联席会议上郑重宣布。泰晤士报以"科学上的革命"为题对这一重大新闻做了报道，称赞"这是人类思想史上最伟大的成就之一。爱因斯坦发现的不是一个小岛，而是整整一个科学思想的新大陆"。消息传遍了全世界，爱因斯坦成了举世瞩目的名人。广义相对论也被提升到神话般受人敬仰的位置。

（3）水星近日点的进动

天文观测记录了水星近日点每百年移动5 600秒，人们考虑了各种因素，根据牛顿理论只能解释其中的5 557秒，剩余43秒无法解释。广义相对论的计算结果与万有引力定律（平方反比定律）有所偏差，这一偏差刚好使水星的近日点每百年移动43秒。

爱因斯坦的强悍之处就在于，这三项试验全是他在论文中提到过的验证广义相对论的方案，并且被现实一次又一次证实是正确的。

此外，用天文学观测检验广义相对论的事例还有许多。例如：引力波的观测和双星观测，有关宇宙膨胀的哈勃定律，黑洞的发现，中子星的发现，微波背景辐射的发现等等。

△　睿智的科学大师爱因斯坦

6
广义相对论的部分应用

天体物理学是广义相对论运用得最为广泛的领域。

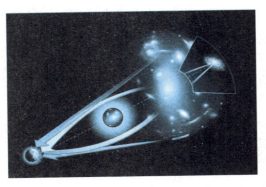

△　引力透镜示意图

（1）引力透镜

当观测者与遥远的观测天体之间还存在有一个大质量天体，而观测天体的质量和相对距离合适时，观测者会看到多个扭曲的天体成像，这种效应被称作引力透镜。

受系统结构、尺寸和质量分布的影响，成像可以是多个，甚至可以形成被称作爱因斯坦环的圆环，或者圆环的一部分弧。最早的引力透镜效应是在1979年发现的，至今已经发现了超过一百个引力透镜。即使这些成像彼此非常接近以至于无法分辨——这种情形被称作微引力透镜——这种效应仍然可通过观测总光强变化测量到。

引力透镜已经发展成为观测天文学的一个重要工具，它被用来探测宇宙间暗物质的存在和分布，并成为用于观测遥远星系的天然望远镜，还可对哈勃常数做出独立的估计。引力透镜观测数据的统计结果还对星系结构演化的研究具有重要意义。

（2）引力波天文学

现在已经有相当数量的地面引力波探测器投入运行，最著名的是GEO600、LIGO（包括三架激光干涉引力波探测器）、TAMA300和

VIRGO；而美国和欧洲合作的空间激光干涉探测器LISA现在正处于开发阶段，其先行测试计划"LISA探路者"于2009年底正式发射升空。

对引力波的探测将在很大程度上扩展基于电磁波观测的传统观测天文学的视野，人们能够通过探测到的引力波信号了解到其波源的信息。这些从未被真正了解过的信息可能来自于黑洞、中子星或白矮星等致密星体，也可能来自于某些超新星爆发，甚至可能来自宇宙诞生极早期的暴涨时代的某些烙印，例如假想的宇宙弦。

（3）黑洞和其他致密星体

广义相对论预言了黑洞的存在，即当一个星体足够致密时，其引力使得时空中的一块区域极端扭曲以至于光都无法逸出。在当前被广为接受的恒星演化模型中，一般认为大质量恒星演化的最终阶段的情形包括1.4倍左右太阳质量的恒星演化为中子星，而数倍至几十倍太阳质量的恒星演化为恒星质量黑洞。具有几百万倍至几十亿倍太阳质量的超大质量黑洞被认为定律性地存在于每个星系的中心，一般认为它们的存在对于星系及更大的宇宙尺度结构的形成具有重要作用。

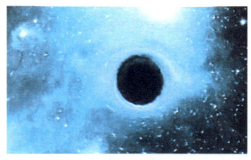

△ 艺术家笔下的黑洞

在某些特定场合下，吸积过程会在这些天体中激发强度极大的相对论性喷流，这是一种喷射速率可接近光速且方向性极强的高能等离子束。在对这些现象建立模型的过程中，广义相对论都起到了关键作用，而实验观测也为支持黑洞的存在以及广义相对论做出的种种预言提供了有力证据。

7

相对论的遭遇

　　相对论来得太突然，让人们觉得相对论神秘莫测，因此在相对论问世头几年，一些人扬言，"全世界只有12个人懂相对论"。甚至有人说"全世界只有两个半人懂相对论"。更有甚者，将相对论与"通灵术""招魂术"之类相提并论。曾经有300名科学家联合签名，认为爱因斯坦的相对论是错误的。对此，爱因斯坦说："只要能证明我错了，一个人就够了。"

　　确实，对于相对论，大部分物理学家，其中包括相对论变换关系的奠基人洛伦兹，都觉得难以接受。旧的思想方法的障碍，使这一新的物理理论直到一代人之后才为广大物理学家所熟悉。有人说，爱因斯坦应该得到5次诺贝尔奖：狭义相对论、质能相当性、广义相对论、光量子理论、布朗运动。然而，瑞典皇家科学院1922年把诺贝尔奖授予爱因斯坦时，也只是说"由于他对理论物理学的贡献，更由于他发现了支配光电效应的定律"，对于相对论只字未提。但是，这丝毫无损于爱因斯坦的伟大。

△ 无论是褒奖还是贬损，
　 爱因斯坦都不在意

　　到20世纪60年代，情况发生变化，发现强引力天体（中子星）和3K宇宙背景辐射，使相对论尤其是广义相对论的研究蓬勃发展起来。广义相对论对于研究天体结构和演化以及宇宙的结构和演化具有重要意义。中子星的形成和结构、黑洞物理和黑洞探测、引力辐射理论和引力波探测、大爆炸宇宙学、量子引力以及大尺度时空的拓扑结构等问题的研究正在深入，广义相对论成为物理研究

△ 爱因斯坦获得的诺贝尔奖

的重要理论基础。

在引力和宇宙学的研究中，广义相对论已经成为一个高度成功的模型，迄今已经通过了每一次意义明确的观测和实验的检验。然而即便如此，仍然有证据显示这个理论并不是那么完善的：对量子引力的寻求以及时空奇点的现实性问题依然有待解决；实验观测得到的支持暗物质和暗能量存在的数据结果也在暗暗呼唤着一种新物理学的建立；而从"先驱者号"观测到的反常效应也许可以用已知的理论来解释，也许这真的是一种新物理学来临的预告。

1955年4月18日，76岁的爱因斯坦病逝。

爱因斯坦生前不要虚荣，死后更不要哀荣。他留下遗嘱，要求不发讣告，不举行葬礼。他把自己的脑供给医学研究，身体火葬焚化，骨灰秘密地撒在河里，不要坟墓也不想立碑。在把他的遗体送到火葬场火化的时候，随行的只有他最亲近的12个人，而其他人连火化的时间和地点都不知道。

爱因斯坦在去世之前，把他在普林斯顿默谢雨街112号的房子留给跟他工作了几十年的秘书杜卡斯小姐，并且强调："不许把这房子变成博物馆。"他一生不崇拜人格化的神，也不希望以后的人把他当作神来崇拜。

七 上帝掷骰子吗
——量子力学

1
旧量子论（上）

如果说光在空间的传播是相对论的关键，那么光的发射和吸收则带来了量子论的革命。物体加热时会发出辐射，科学家们想知道这是为什么。为了研究的方便，他们假设了一种本身不发光、能吸收所有照射其上的光线的完美辐射体，称为"黑体"。研究过程中，科学家发现，按麦克斯韦电磁波理论计算出的黑体光谱紫外部分的能量是无限的，这显然是不可能的。开尔文男爵所说的"紫外灾难"就是这个。

1900年，德国物理学家普朗克提出了物质中振动原子的新模型。他从物质的分子结构理论中借用不连续性的概念，提出了辐射的量子论。

关于量子论中的不连续性，我们可以这样理解：如温度升高或降低，我们认为是连续的，从1℃升到2℃中间必须经过1.1℃，1.1℃之前必定有1.01℃。但是量子论认为在某两个数值之间，例如1℃和3℃之间，可以没有2℃，就

△ 爱因斯坦和普朗克，普朗克被认为是量子论的创始人

像我们花钱买东西一样，1分钱是最小的量了，你不可能拿出0.1分钱，虽然你可以以厘为单位计算钱数。这个1分钱就是钱币的最小的量。而这个最小的量就是量子。他认为各种频率的电磁波，包括光，只能以各自确定分量的能量从振子射出，这种能量微粒称为量子，光的量子称为光量子，简称光子。

根据这个模型计算出的黑体光谱与实际观测到的相一致。这揭开了物理学上崭新的一页。量子论不仅很自然地解释了灼热体辐射能量按波长分布的规律，而且以全新的方式提出了光与物质相互作用的整个问题。量子论不仅给光学，也给整个物理学提供了新的概念，故通常把它的诞生视为近代物理学的起点。

量子假说与物理学界几百年来信奉的"自然界无跳跃"直接矛盾，因此量子理论出现后，许多物理学家不予接受。普朗克本人也十分动摇，后悔当初的大胆举动，甚至放弃了量子论继续用能量的连续变化来解决辐射的问题。但是，历史已经将量子论推上了物理学新纪元的开路先锋的位置，量子论的发展已是锐不可当。

第一个意识到量子概念的普遍意义并将其运用到其他问题上的是爱因斯坦。他建立了光量子理论，用来解释光电效应中出现的新现象。光量子论的提出使光的性质的历史争论进入了一个新的阶段。因为爱因斯坦的工作，量子论在提出之后的最初十年里得以进一步发展。

1911年，卢瑟福提出了原子的行星模型，即电子围绕一个位于原子中心的微小但质量很大的原子核在运动。在此后的20年中，物理学的大量研究集中在原子的外围电子结构上。这项工作创立了微观世界的新理论——量子物理，并为量子理论应用于宏观物体奠定了基础。但是原子核仍然是个谜。

△ 卢瑟福

2
旧量子论（下）

在原子量子理论提出后不久，物理学家开始探讨原子核。在原子中，正电原子核在静态条件下吸引负电子。但是什么使原子核本身能聚合在一起呢？原子核包含带正电的质子和不带电的中子，两者之间存在巨大的排斥力，而且质子彼此排斥（不带电的中子没有这种排斥力）。科学家认识到，有一种力量，使原子核聚合在一起，并且克服质子间排斥力的是一种新的强大的力，它只在原子核内部起作用。

丹麦物理学家玻尔首次将量子假设应用到原子中，并对原子光谱的不连续性做出解释。他认为，电子只在一些特定的圆轨道上绕核运行。在这些轨道上运行时并不发射能量，只有当它从一个较高能量的轨道向一个较低能量的轨道跃迁时才发出辐射，反之吸收辐射。这个理论不仅在卢瑟福模型的基础上解决了原子的稳定性问题，而且用于氢原子时与光谱分析所得的实验结果完全吻合，因此引起了物理学界的震动。

玻尔的量子化原子结构明显违背古典理论，同样招致了许多科学家的不满。但它在解释光谱分布的经验规律方面意外地成功，使它获得了很高的声誉。不过玻尔的理论只能用于解决氢原子这样比较简单的情形，对于多电子的原子光谱便无法解释。旧量子论面临着危机，但不久就被突破。在这方面首先取得突破的是法国物理学家德布罗意。他在大学时学的专业是历史，但他的哥哥是研究X射线的著名物理学家。受哥哥的影响，德布罗意大学毕业后改学物理，与兄长一起研究X射线的波动性和粒子性的问题。

经过长期思考，德布罗意突然意识到爱因斯坦的光量子理论应该推广到一切物质粒子，特别是光子。1923年9月到10月，他连续发表了三篇论文，提出了电子也是一种波的理论，并引入了"驻波"的概念描述电

子在原子中呈非辐射的静止状态。驻波与在湖面上或线上移动的行波相
对，吉他琴弦上的振动就是一种驻波。这样就可以用波函数的形式描绘
出电子的位置。不过它给出的不是我们熟悉的确定的量，而是统计上的
"分布概率"，它很好地反映了电子在空间的分布和运行状况。德布罗
意还预言电子束在穿过小孔时也会发生衍射现象。1924年，他写出物理
学历史上最有名的博士论文《关于量子理论的研究》，文中更系统地阐
述了物质波理论，爱因斯坦对此十分赞赏。不出几年，实验物理学家真
的观测到了电子的衍射现象，证实了德布罗意的物质波的存在。

现在把出现于 1900 年至 1925 年之间的量子理论称为旧量子论。旧
量子论处于理论发展初期，并不很完整或一致，这些启发式理论是对于
经典力学所做的最初始的量子修正。真正的量子论还需要等待几位大师
的出场。

△ 德布罗意

3
量子力学革命

突然，一系列事件纷至沓来，最后导致一场科学革命。与相对论是爱因斯坦一个人的表演不同，量子论的产生更像是一场精彩绝伦的接力赛，无数的大师在其中殚精竭虑，一展身手。仅仅是从1925年元月到1928年元月三年的时间里，就有如下事件写入科学史：

△ 海森堡

——沃尔夫刚·泡利提出了不相容原理，为元素周期表奠定了理论基础。

——韦纳·海森堡、马克斯·玻恩和帕斯库尔·约当提出了量子力学的第一个版本：矩阵力学。

——埃尔温·薛定谔提出了量子力学的第二种形式：波动力学。

——电子被证明遵循一种新的统计规律：费米–狄拉克统计。

——海森堡阐明测不准原理。

——保尔·狄拉克提出了相对论性的波动方程用来描述电子，解释了电子的自旋并且预测了反物质。

——玻尔提出互补原理，试图解释量子理论中一些明显的矛盾，特别是波粒二象性。

量子理论的主要创立者都是年轻人。1925年，泡利25岁，海森堡和恩里克·费米24岁，狄拉克和约当23岁。只有薛定谔是大器晚成者，36岁。

薛定谔在1935年发表了一篇论文，题为"量子力学的现状"，在论文的第5节，薛定谔编出了一个"薛定谔猫"的理想实验，试图将微观不确定性变为宏观不确定性、微观的迷惑变为宏观的佯谬，以引起大家的注意。以下是"薛定谔猫"的实验描述：

把一只猫放进一个封闭的盒子里，然后把这个盒子连接到一个装置，其中包含一个原子核和毒气设施。设想这个原子核有50%的可能性发生衰变。衰变时发射出一个粒子，这个粒子将会触发毒气设施，从

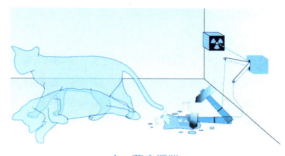

△ 薛定谔猫

而杀死这只猫。根据量子力学原理，未进行观察时，这个原子核处于已衰变和未衰变的叠加态，因此，那只可怜的猫就应该相应地处于"死"和"活"的叠加态。非死非活，又死又活，状态不确定，直到有人打开盒子观测它。

这与我们的日常经验严重不符。一只猫，要么死，要么活，怎么可能不死不活、半死半活呢？别小看这一个听起来似乎荒谬的物理理想实验。它不仅在物理学方面极具意义，在哲学方面也引发了很多的思考。

然而，不管如何诠释和理解"薛定谔猫"，人们仍然觉得量子理论听起来有些诡异。

这只猫的确令人毛骨悚然，相关的争论一直持续到今天。连当今伟大的物理学家霍金也曾经愤愤地说："当我听说薛定谔猫的时候，我就跑去拿枪，想一枪把猫打死！"

开尔文男爵在祝贺玻尔1913年关于氢原子的论文的一封书信中表述了其中的原因。他说，玻尔的论文中有很多真理是他所不能理解的。开尔文认为基本的新物理学必将出自无拘无束的头脑。这种说法也适合量子力学。

1928年，量子力学的革命基本结束，然后是无尽的争议。

4
上帝掷骰子吗

　　1900年，普朗克宣读论文，21岁的爱因斯坦刚从瑞士的苏黎世工业大学毕业，正在四处奔波，焦头烂额地找工作，而15岁的玻尔还只是哥本哈根一个顽皮的中学生。谁也料不到，这两个人在十几年后成为了物理界的两大巨擘，而且，在量子理论的基本思想方面，两人展开了一场一直延续到他们去世的旷世之争。

　　玻尔与爱因斯坦的量子之争可以概括为一个著名的问题：上帝掷骰子吗？要解释清楚这个量子论中的哲学问题，我们首先介绍一下著名的杨氏双缝干涉实验。

　　杨氏双缝干涉实验比量子论的历史还要早上100年。当初的法国物理学家托马斯·杨用这个简单实验挑战牛顿的微粒说，证明了光的波动性。他用经过一个小孔的光作为点光源，点光源发出的光穿过纸上的两道平行狭缝后，投射到屏幕上。然后，观测者可以看到屏幕上形成了一系列明暗交替的干涉条纹。干涉是波特有的现象，因此，实验证明光的波动性。

　　可是，后续实验又发觉，光波总是以一颗颗粒子的形式抵达侦测屏。这是怎么回事呢？

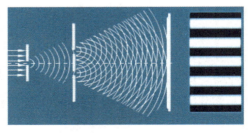

△　双缝干涉实验原理

　　运用经典物理学的观点来看，根本无法解释。不过，运用量子力学的观点来看，却是很容易理解的。双缝干涉实验的结果表明：电子的行为既不等同于经典粒子，也不等同于经典波动，它和光一样，既是粒子又是波，兼有粒子和波动的双重特性，这就是波粒二象性。

　　问题并没有完。

　　物理学家们在两个狭缝口放上两个粒子探测器，以判定粒子到底走的哪一边。然而这时，奇怪的事又发生了：两个粒子探测器从来没有同时响过！再去看屏幕，干涉条纹消失了。

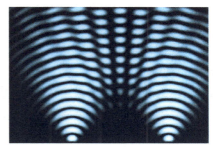

△　照相机拍摄的双缝干涉实验结果

　　物理学家们反复改进、多次重复他们的实验，却只感到越来越奇怪：无论我们使用什么先进的测量方法，一旦想要观察电子到底通过哪条狭缝，干涉条纹便立即消失了！

　　后来，物理学家们给这种"观测影响粒子量子行为"的现象，取了一个古怪的名字，叫作"波函数坍塌"。就是说：量子叠加态一经测量，就按照一定的概率，坍缩到一个固定的本征态，回到经典世界。而在没有被测量之前，粒子则是处于"既是此，又是彼"的混合叠加不确定状态。因此，我们无法预知粒子将来的行为，只知道可能坍缩到某个本征态的概率。

　　以上解释是以玻尔为代表的哥本哈根学派对量子理论的诠释。

　　爱因斯坦不同意哥本哈根派的诠释，生气地说："玻尔，上帝不会掷骰子！"

　　玻尔一脸不高兴："爱因斯坦，别去指挥上帝应该怎么做！"

　　几十年后的霍金，看着历年的实验记录，有些垂头丧气地说："上帝不但掷骰子，他还把骰子掷到我们看不见的地方去！"

　　上帝掷骰子吗？尽管以上霍金之言给出了肯定的答案，但似乎至今仍然是个悬而未决的问题。

5
玻尔和爱因斯坦之争

　　现在，让我们再回到玻尔和爱因斯坦有关量子理论的争论，以下简称为"玻爱之争"。

　　两人的第一次交锋是1927年的第五届索尔维会议。那可能算是一场前无古人后无来者的物理学界群英会。以下这张1927年的会议历史照片中，列出来的名字使你不能不吃惊。在这次与会的29人中，有17人获得了诺贝尔物理学奖。

△　众星云集，群贤毕至

　　爱因斯坦始终坚持的经典哲学思想和因果观念：一个完备的物理理论应该具有确定性、实在性和局域性。一句话："上帝不掷骰子！"

　　在会上，爱因斯坦一直在旁边沉默静坐，直到玻尔结束了关于"互补原理"的演讲后，他才突然发动攻势："很抱歉，我没有深入研究过量子力学，不过，我还是愿意谈谈一般性的看法。"

　　然后，爱因斯坦用一个关于 α 射线粒子的例子表示了对玻尔等学者发言的质疑，不过，他当时的发言相当温和。但是，在正式会议结束之后几天的讨论中，火药味就要浓多了。根据海森堡的回忆，常常是在早餐的时候，爱因斯坦设想出一个巧妙的思想实验，以为可以难倒玻尔，但到了晚餐桌上，玻尔就想出了招数，一次又一次化解了爱因斯坦的攻势。当然，到最后，谁也没有说服谁。

　　1930年秋，第六届索尔维会议在布鲁塞尔召开。早有准备的爱因斯坦在会上向玻尔提出了著名的思想实验——"光子盒"。

　　实验的装置是一个一侧有一个小洞的盒子，洞口有一块挡板，里面放了一只能控制挡板开关的机械钟。小盒里装有一定数量的辐射物质。这只钟能在某一时刻将小洞打开，放出一个光子来。这样，它跑出的时间就可精确地测量出来了。同时，小盒悬挂在弹簧秤上，小盒所减少的质量，也就是光子的质量便可测得，然后利用质能关系 $E = mc^2$ 便可得到能量的损失。这样，时间和能量都同时测准了，由此可以说明测不准关系是不成立的，玻尔一派的观点是不对的。

　　只经过了一个夜晚，第二天，玻尔居然"以其人之道，还治其人之身"，找到了一段最精彩的说辞，用爱因斯坦自己的广义相对论理论，戏剧性地指出了爱因斯坦这一思想实验的缺陷。

　　光子跑出后，挂在弹簧秤上的小盒质量变轻即会上移，根据广义相对论，如果时钟沿重力方向发生位移，它的快慢会发生变化，这样的话，那个小盒上机械钟读出的时间就会因为这个光子的跑出而有所改变。换言之，用这种装置，如果要测定光子的能量，就不能够精确控制光子逸出的时刻。因此，玻尔居然用广义相对论理论中的红移公式，推出了能量和时间遵循的测不准关系！

　　至此，爱因斯坦不得不有所退让，承认了玻尔对量子力学的解释不存在逻辑上的缺陷。"量子论也许是自洽的"，他说，"但却至少是不完备的"。

6
伤人脑筋的量子纠缠

　　"玻爱之争"的第三个回合，也是顶峰，发生在1935年。1935年3月，爱因斯坦和两个合作者发表了一篇文章，描述了一个佯谬。后来，人们就以文章署名的三位物理学家名字的第一个字母命名，称为"EPR佯谬"，亦称为EPR悖论。

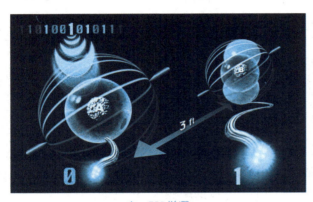

△　EPR佯谬

　　EPR原文中使用粒子的坐标和动量来描述爱因斯坦构想的理想实验，数学表述非常复杂。后来，波姆用电子自旋来描述EPR佯谬，就简洁易懂多了。EPR论文中涉及"量子纠缠态"的概念。

　　爱因斯坦等三人提出的假想实验中，描述了两个粒子的互相纠缠：想象一个不稳定的大粒子衰变成两个小粒子的情况，两个小粒子向相反的两个方向飞去。假设该粒子有两种可能的自旋，分别叫"左"和"右"，那么，如果粒子A的自旋为"左"，粒子B的自旋便一定是"右"，以保持总体守恒，反之亦然。我们说，这两个粒子构成了量子纠缠态。

　　玻尔深思熟虑之后，很快就明白了，爱因斯坦的思路完全是经典的，总是认为有一个离开观测手段而存在的实在世界。这个实在世界的图像是和玻尔代表的哥本哈根派的"观测手段影响结果"的观点完全不一致的。玻尔认为，微观的实在世界，只有和观测手段连起来讲才有意义。在观测之前，并不存在两个客观独立的实在。只有波函数描述的一个互相关联的整体，并无相隔甚远的两个分体，既然只是协调相关的一体，它们之间无须传递什么信号！因此，EPR佯谬只不过是表明了两派哲学观的差别：爱因斯坦的"经典局域实在观"和玻尔一派的"量子非局域实在观"的根本区别。

哲学观的不同是根深蒂固的。即使在之后的二三十年中，玻尔的理论占了上风，量子论如日中天，它的各个分支高速发展，给人类社会带来了伟大的技术革命的时候，爱因斯坦仍然固执地坚持他的经典信念，反对量子论。

1905年，爱因斯坦在提出狭义相对论后，还发表了四篇论文。其中一篇叫《关于光的产生和转化的一个启发性观点》，提出光量子假设，借用普朗克的能量子的概念，成功地解释了光电效应，因此获得1921年诺贝尔物理学奖。后世追溯量子力学的发展史，惊讶地发现爱因斯坦的光量子假说正是量子力学的重要基础，爱因斯坦也是量子力学的奠基人之一。

虽然爱因斯坦不认量子力学这个"儿子"，但他坚持不懈的反对，使量子力学的支持者遇到了旗鼓相当的对手，他们不得不全力以赴，针锋相对，修正、完善、提升自己的学说，终于使量子力学成长为壮观的理论大厦。况且，爱因斯坦为反驳量子力学而提出的EPR佯谬，居然成为如今非常热门的量子纠缠的先导，恐怕睿智如爱因斯坦也是始料不及的吧。

因此，我们必须承认，尽管爱因斯坦反对量子力学，但他对于量子力学的建立与完善，依然功不可没。

△ 爱因斯坦终生都不相信量子论

7
量子论的几个观点

（1）波函数

系统的行为用薛定谔方程描述，方程的解称为波函数。系统的完整信息用它的波函数表述，通过波函数可以计算任意可观察量的可能值。在空间给定体积内找到一个电子的概率正比于波函数幅值的平方，因此，粒子的位置分布在波函数所在的体积内。粒子的动量依赖于波函数的斜率，波函数越陡，动量越大。斜率是变化的，因此动量也是分布的。这样，有必要放弃位移和速率能确定到任意精度的经典图像，而采纳一种模糊的概率图像，这也是量子力学的核心。

对于同样一些系统进行同样精心的测量不一定产生同一结果，相反，结果分散在波函数描述的范围内，因此，电子特定的位置和动量没有意义。这可由测不准原理表述如下：要使粒子位置测得精确，波函数必须是尖峰型的，然而，尖峰必有很陡的斜率，因此动量就分布在很大的范围内；相反，若动量有很小的分布，波函数的斜率必定很小，因而波函数分布于大范围内，这样粒子的位置就更加不确定了。

（2）波的干涉

波相加还是相减取决于它们的相位，振幅同相时相加，反相时相减。当波沿着几条路径从波源到达接收器，比如光的双缝干涉，一般会产生干涉图样。粒子遵循波动方程，必有类似的行为，如电子衍射。至此，类推似乎是合理的，除非要考察波的本性。通常认为波是媒质中的一种扰动，然而量子力学中没有媒质，从某种意义上说根本就没有波，波函数本质上只是我们对系统信息的一种陈述。

（3）对称性和全同性

氦原子由两个电子围绕一个核运动而构成。氦原子的波函数描述了每一个电子的位置，然而没有办法区分究竟是哪个电子，因此，电子交换后看不出体系有何变化，也就是说，在给定位置找到电子的概率不变。由于概率依赖于波函数的幅值的平方，因而粒子交换后体系的波函数与原始波函数的关系只可能是下面的一种：要么与原波函数相同，要么改变符号，即乘以-1。到底取谁呢？

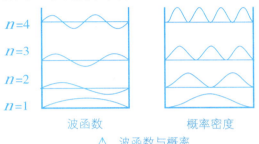

△ 波函数与概率

（4）电子的波函数对于电子交换变号

两个电子处于相同的量子态，其波函数相反，因此总波函数为零，也就是说，两个电子处于同一状态的概率为0，此即泡利不相容原理。所有半整数自旋的粒子（包括电子）都遵循这一原理，并被称为费米子。自旋为整数的粒子（包括光子）的波函数对于交换不变号，称其为玻色子。电子是费米子，因而在原子中分层排列；光由玻色子组成，所以激光光线呈现超强度的光束（本质上是一个量子态）。最近，气体原子被冷却到量子状态而形成玻色–爱因斯坦凝聚，这时体系可发射超强物质束，形成原子激光。

△ 科学家得到的玻色–爱因斯坦凝聚结果图

8

二次革命

在20世纪20年代中期创立量子力学的狂热年代里，也在进行着另一场革命，量子物理的另一个分支——量子场论的基础正在建立。不像量子力学的创立那样如暴风疾雨般一挥而就，量子场论的创立经历了一段曲折的历史，一直延续到今天。量子力学是解释物质的理论，而量子场论正如其名，是研究场的理论，不仅是电磁场，还有后来发现的其他场。

激发提出量子场论的问题是电子从激发态跃迁到基态时原子怎样辐射光。1916年，爱因斯坦研究了这一过程，并称其为自发辐射，但他无法计算自发辐射系数。解决这个问题需要发展电磁场（即光）的相对论量子理论。1925年，玻恩、海森堡和约当发表了光的量子场论的初步想法，但关键的一步是年轻且本不知名的物理学家狄拉克于1926年独自提出的场论。狄拉克的理论有很多缺陷：难以克服的计算复杂性，预测出无限大量，并且显然和对应原理矛盾。

20世纪40年代晚期，量子场论出现了新的进展，理查德·费曼、朱利安·施温格和朝永振一郎提出了量子电动力学（缩写为QED）。他们通过重整化的办法回避无穷大量，其本质是通过减掉一个无穷大量来得到有限的结果。由于方程复杂，无法找到精确解，所以通常用级数来得到近似解，不过级数项越来越难算。虽然级数项依次减小，但是总结果在某项后开始增大，以至于近似过程失败。尽管存在这一危险，QED仍被列入物理学史上最成功的理论之一，用它预测电子和磁场的作用强度与实验可靠值仅差$2/1\,000\,000\,000\,000$。

尽管QED取得了超凡的成功，它仍然充满谜团。对于虚空空间（真空），理论似乎提供了荒谬的看法，它表明真空不空，它到处充斥着小的电磁涨落。这些小的涨落是解释自发辐射的关键，并且，它们使原子

能量和诸如电子等粒子的性质产生可测量的变化。虽然QED是古怪的，但其有效性已为许多已有的最精确的实验所证实。

对于我们周围的低能世界，量子力学已足够精确，但对于高能世界，相对论效应作用显著，需要更全面的处理办法，量子场论的创立调和了量子力学和狭义相对论的矛盾。

然而，半个世纪的努力也表明，QED的杰作——电磁场的量子化程序对于引力场失效。问题是严重的，因为如果广义相对论和量子力学都成立的话，它们对于同一事件必须提供本质上相容的描述，但现实并非如此。对于黑洞这样引力非常强的体系，我们没有可靠的办法预测其量子行为。

或许，超弦理论是唯一被认为可以解释这一谜团的理论，它是量子场论的推广，通过有长度的物体取代诸如电子的点状物体来消除所有的无穷大量。

9 量子力学的运用

　　尽管量子现象显得如此神秘，然而，量子力学的结论却早已在诸多方面被实验证实，被学术界接受，在各行各业还得到各种应用，量子物理学对我们现代日常生活的影响无比巨大。以其为基础而产生的电子学革命及光学革命将我们带入了如今的计算机信息时代。可以说，没有量子力学，就不会有今天所谓的"高科技"产业。

　　量子理论很好地解释了处于导体和绝缘体之间的半导体的原理，为晶体管的出现奠定了基础。1948年，美国科学家约翰·巴丁、威廉·肖克利和沃尔特·布拉顿根据量子理论发明了晶体管。它用很小的电流和功率就能有效地工作，而且可以将尺寸做得很小，从而迅速取代了笨重、昂贵的真空管，开创了全新的信息时代，这三位科学家也因此获得了1956年的诺贝尔物理学奖。

　　量子论的应用前景也十分美好。科学家认为，量子力学理论将对电子工业产生重大影响，是物理学一个尚未开发而又具有广阔前景的新领域。

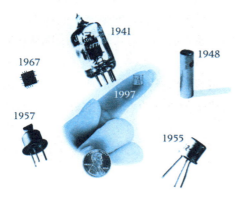

△ 晶体管是量子论的产物

　　仅以最神秘诡异的量子纠缠为例，利用量子的这种特性，完全有可能制造出一种超越时空，即使身在银河系的两端也能及时联络的通信方式。

　　在经典状态下，一个个独立的光子各自携带信息，通过发送和接收装置进行信息传递。但是在量子状态下，两个纠缠的光子互为一组，互相关联，并且可以在一个地方神秘消失，不需要任何载体的携带，又在另一个地方瞬间神秘出现。量子态隐形传输利用的就是量子的这种特性，我们首先把一对携带着信息的纠缠的光子进行拆分，将其中一个光子发送到特定位置，这时，两

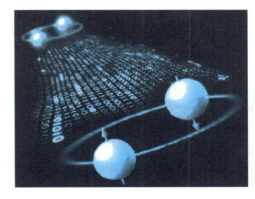

△ 量子隐形传输是未来的通信方式

地之间只需要知道其中一个光子的即时状态，就能准确推测另外一个光子的状态，从而实现类似"超时空穿越"的通信方式。

1997年，奥地利蔡林格小组在室内首次完成了量子态隐形传输的原理性实验验证。2004年，该小组利用多瑙河底的光纤信道，成功地将量子"超时空穿越"距离提高到600米。但由于光纤信道中的损耗和环境的干扰，量子态隐形传输的距离难以大幅度提高。

2004年，中国科学技术大学潘建伟、彭承志等研究人员开始探索在自由空间实现更远距离的量子通信。该小组2005年就在合肥创造了13千米的自由空间双向量子纠缠"拆分"和发送的世界纪录。

2007年开始，中国科大—清华大学联合研究小组在北京架设了长达16千米的自由空间量子信道，并取得了一系列关键技术突破，最终在2009年成功实现了世界上最远距离的量子态隐形传输，证实了量子态隐形传输穿越大气层的可行性，为未来基于卫星中继的全球化量子通信网奠定了可靠基础。

此外，量子纠缠态作为一种物理资源，在量子信息的各方面，如量子隐形传输、量子密钥分配、量子计算等都起着重要作用。

八　当代物理学最前沿采风

1

终极理论之梦

　　1955年4月17日，爱因斯坦从普林斯顿医院的病榻上坐起来，开始了他一生的最后一次计算。几个小时以后，20世纪最伟大的科学家去世了。他的床边放着他最后的、也是失败的一项努力，即创造自己的"统一场理论"——对于宇宙中所有已知力量的一项单一的条理清晰的解释。

　　法拉第发现，尽管表面现象不同，但是电和磁仅仅是同一个基本现象的不同的方面，而1861年麦克斯韦成功地用方程阐明了电与磁实质上的统一性。

▷ 终极理论是想把宇宙里四种基本的力统一在一个方程式里

　　虽然这是一项杰出的成就，但是它回避了一个明显的问题——引力能否纳入?这正是爱因斯坦在1915年发表自己完全新颖的引力设想——称为"广义相对论"——之后不久开始应对的挑战。

但是他很快就发现，这一难题比他所想象的要难得多。

1919年，爱因斯坦认识到可以统一这两项截然不同理论的一条重大线索。当时，德国数学家卡鲁扎证明了有一系列方程能够把这两项理论综合起来，但是只有在宇宙包含一个额外的第五维情况下才能做到。

这种观点的确令人震惊，大家都在追问：额外的一维在哪里？1926年，

△ 西奥多·卡鲁扎

瑞典物理学家克莱因提出了一项答案。他认为，它也许卷曲成太小的形状，以致无法察觉，就像一根头发过于窄小，以致看起来似乎只有一维。

虽然爱因斯坦的直觉使他确信它很重要，但是他无法把卡鲁扎和克莱因的发现转变成自己所寻求的引力和电磁力的统一理论。他还尝试了另外一些方法，但是效果同样欠佳。在爱因斯坦忙于解决自己的统一场理论的同时，人们发现了两种更基本的力——把原子核相互连接起来的核强力，以及造成放射性的核弱力。更加糟糕的是，这两种力可以用"信使"粒子传导的理论来完美解释——而这与爱因斯坦对引力的看法大相径庭。

爱因斯坦终究没能在生前统一引力与电磁力。美国的温伯格和格拉肖以及英国的萨拉姆等人接过了他交出的接力棒。

格拉肖1973年发现了把电磁力、核弱力和核强力统一起来的一个数学公式。它被称为"大统一理论"（GUT），开辟了有关自然界的基本作用力的广阔视野，认为所有这三种力都曾经是一种在大爆炸刚刚结束的时候统治着宇宙的单一的"超力"的一部分。随着宇宙冷却下来，它们分裂开来，从而创造了我们今天所看到的宇宙。

但引力还不能统一进来，而广义相对论能说明引力，因此，如何把大统一理论与广义相对论合并起来，成为新一代理论物理学家的重任。

2
弦理论（上）

弦理论是一个理论物理学的学说。

在弦理论中，自然界的基本单元不是电子、光子、中微子和夸克之类的粒子。这些看起来像粒子的东西实际上都是很小很小的弦的闭合圈（称为闭合弦或闭弦），闭弦的不同振动和运动就产生出各种不同的基本粒子。尽管弦理论中的弦尺度非常小，但操控它们性质的基本原理预言，存在着几种尺度较大的薄膜状物体，后者被简称为"膜"。正如小提琴上的弦，弦理论中支持一定的振荡模式，或者共振频率，其波长准确地配合。直观地说，我们所处的宇宙空间也许就是九维空间中的三维膜。

弦理论的雏形是在1968年由韦内齐亚诺发现的。他原本是要找能描述原子核内的强作用力的数学弦理论公式，然后在一本老旧的数学书里找到了有200年之久的欧拉公式，该公式能够成功地描述他所要求解的强作用力。然而，进一步将该公式理解为一小段类似橡皮筋那样可扭曲抖动的有弹性的"线段"却是在不久后由李奥纳特·苏士侃发现的，这在日后发展

△ 一种弦的模拟图

成了"弦理论"。

虽然弦理论最开始是要解出强相互作用力的作用模式，但是后来的研究则发现了所有的最基本粒子，包含正反夸克、正反电子、正反中微子等等，以及四种基本作用力"粒子"（强、弱作用力粒子，电磁力粒子，重力粒子），都是由一小段不停抖动的能量弦线所构成，而各种粒子彼此之间的差异只是该弦线抖动的方式和形状的不同而已。

弦理论会吸引这么多注意，大部分的原因是因为它很有可能会成为终极理论。

1984年，加州理工学院的约翰·施瓦茨和伦敦大学的迈克尔·格林等理论物理学家的成果使同行震惊，他们宣布能够把引力与其他的力统一起来，而又不会遇到通常的问题。唯一的条件是，粒子不再被看作仅仅是点，而是称为超弦的极小的物体。这些像线一样的物体要比原子核小得多，它们还必须拥有超对称性（因而成为"超弦"），并且存在于10维之中。

这是一项惊人的断言，促使大批理论物理学家纷纷对超弦进行进一步的研究。现在，"弦理论"一般是专指"超弦理论"，而为了方便区分，较早的"玻色弦理论"则以全名称呼。但是事情远没有结束。理论物理学家们又一口气提出5种超弦理论，而且没有任何明确的方法能够在它们之间做出选择。超弦似乎仅仅是某种更加宏大的东西的一个影子。

△ 弦理论的个模型——超弦理论

3
弦理论（下）

20世纪90年代，爱德华·维顿提出了一个具有11度空间的M理论，他和其他学者找到强有力的证据，证明了当时许多不同版本的超弦理论其实是M理论的不同极限设定条件下的结果。这些发现带动了第二次超弦理论革新。

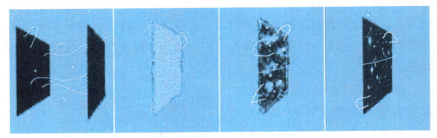

△ 弦理论的几种模型

M理论希望能借由一个理论来解释所有物质和能源的本质与交互关系。其结合了所有超弦理论（共五种）和11维的超引力理论。为了充分了解它，爱德华·维顿认为需要发明新的数学工具。

同弦理论一样，M理论的关键概念是超对称性。所谓超对称性，是指玻色子和费米子之间的对称性。玻色子是以印度加尔各答大学物理学家玻色的名字命名的；费米子是以建议实施曼哈顿工程的物理学家费米的名字命名的。玻色子具有整数自旋，而费米子具有半整数自旋。相对论性量子理论预言，粒子自旋与其统计性质之间存在某种联系，这一预言已在自然界中得到令人惊叹的证实。

在超对称物理中，所有粒子都有自己的超对称伙伴。它们有与原来粒子完全相同的量子数（色、电荷、重子数、轻子数等）。玻色子的超伙伴必定是费米子；费米子的超伙伴必定是玻色子。尽管尚未找到超对称伙伴存在的确切证据，但理论物理学家仍坚信它的存在。他们认为，由于超对称是自发破缺的，超伙伴粒子的质量必定比原来粒子的质量大很多，所以才无法在现有的加速器中探测到它的存在。

局部超对称性还提供将引力也纳入物理统一理论的新途径。

在M理论体系中，时间分为两种，一种是我们世俗意义上的时间（即现行宇宙对人类意义上的时间）。还有一种被定义为"虚时间"，虚时间没有所谓的开端和终结，而是一直存在的时间，是用于描述超弦的一条无矢坐标轴。

M理论认为能量在自身维度下不守恒，能量会在自身畸翘中逃逸到其他膜，而弦分为开弦和闭弦，引力子弦与另三种弦不同，是一个自旋为2、质量为0的玻色子。在M理论中，引力子弦被定义为自由的闭弦，可以被传播到宇宙膜外的高维空间以及其他宇宙膜，故能量场在自身维度（现行宇宙空间）下逃逸了更多。

△ 高速粒子加速器

在M理论中存在无数平行的膜，膜相互作用碰撞导致产生四种基本力子，产生电磁波和物种。这就是宇宙大爆炸的原因。

但M理论也还很不完备。最大的麻烦在于它还无法获得实验证明。原因之一是目前尚没有人对弦理论有足够的了解而做出正确的预测，另一个则是目前的高速粒子加速器还不够强大。科学家们在使用目前的和正在筹备中的新一代的高速粒子加速器试图寻找超弦理论里主要的超对称性学说所预测的超粒子。

4
标准模型与希格斯玻色子

标准模型是一套描述强作用力、弱作用力及电磁力这三种基本力及组成所有物质的基本粒子的理论。它属于量子场论的范畴，但是没有描述引力。

1964年，英国物理学家希格斯在标准模型中通过引入基本标量场——希格斯场，来实现所谓希格斯机制。通过希格斯场产生对称性破缺，同时在现实世界留下了一个自旋为零的希格斯粒子。

可以说希格斯粒子是整个标准模型的基石，如

△ 发现希格斯玻色子的实验原理

果希格斯粒子不存在，将使整个标准模型失去效力。因此，有人将希格斯玻色子称为"上帝粒子"。

国外进行的一项新的原子撞击实验结果显示，所谓的"上帝粒子"实际上可能是5种截然不同的粒子。一些理论物理学家认为希格斯玻色子并不单单指一种粒子，而是多种质量相似但所带电荷存在差异的粒子。美国伊利诺斯州巴达维亚费米实验室的研究人员指出，他们发现了能够证明这种"多种粒子理论"的证据。有关"上帝粒子"的单一粒子理论就此面临挑战。

在费米实验室万亿电子伏粒子对撞机进行的一项名为"DZero"的实验中，科学家发现质子和反质子相撞更多的是产生物质粒子而不是反物

质粒子。研究报告联合执笔人、费米实验室理论物理学家亚当·马丁表示，两者之间相差很少，不到1%，但无法利用假定只存在一种希格斯玻色子的标准模型加以解释。同时，他认为这种影响实际上非常小，但如果将标准模型中所有最初原则考虑在内，这种影响仍远远超过科学家的想象。

标准模型假设只存在一种希格斯粒子，无法解释DZero实验的结果。如果科学家假定希格斯玻色子实际上是指5种粒子（也就是对标准模型进行扩展，形成双希格斯二重态模型），DZero实验的结果便可以解释。亚当·马丁表示，在对标准模型进行扩展时，加入了新的粒子和新的交互作用。新的交互作用对物质和反物质区别对待，因此能够促使实验中出现更大的影响。

然而，希格斯粒子的真面目却始终无缘识得，有过几次，人们似乎已经发现了希格斯粒子的踪影，然后它却似乎是故意在人们面前闪现一下影子，就如同鬼魅般消失在幽暗之中了。

不过希格斯认为，迄今已运行多年的美国费米实验室的万亿电子伏特加速器可能已经获得了希格斯玻色子存在的数据，但还需要进一步验证。

△ 发现希格斯玻色子的神奇机器

5

反物质与反宇宙

反物质概念是英国物理学家保罗·狄拉克最早提出的。他在20世纪30年代预言，每一种粒子都应该有一个与之相对的反粒子。例如反电子，其质量与电子完全相同，而携带的电荷正好相反，且电子的自旋量子数是–1/2而不是1/2。

1932年，美国科学家安德森发现了一种特殊的粒子，它的质量和带电量同电子一样，只是它带的是正电，而电子带的是负电。因此，人们称它为正电子，而正电子就是电子的反粒子。

正电子的发现引起了科学界的震惊和轰动。它是偶然的还是具有普遍性？如果具有普遍性，那么其他粒子是不是都具有反粒子？于是，科学家们在探索微观世界的研究中又增加了一个寻找的目标。

1955年，在美国的实验室中反质子被找到了。后来，又发现了反中子。60年代，基本粒子中的反粒子差不多全被人们找到了。一个反物质的世界渐渐被科学家像考古般地"挖掘"了出来。

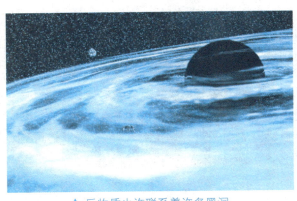

△ 反物质也许联系着许多黑洞

按照物理学家的假想，宇宙诞生之初曾经产生等量的物质与反物质，而两者一旦接触便会相互湮灭抵消，发生爆炸并产生巨大能量。然而，出于某种原因，当今世界主要由物质构成，反物质似乎压根不存在于自然界。正反物质的不对称疑难，是物理学界所面临的一大挑战。

极少量的物质同它的反物质相互作用，能够释放出极大的能量。实际上，它们将会把全部质量转变成能量释放出来，而核爆炸所释放的能量不过7%。按照著名的爱因斯坦质量能量关系式 $E=mc^2$ 可以计算出释放的能量：1毫克反物质"湮灭"放出的能量达到180兆焦耳，是普通炸药的100亿倍。

反物质炸弹易于引爆。它不像原子弹那样必须达到临界质量，即使特别微小的质量也能造成爆炸；它也不像氢弹那样要求很高的爆炸点火温度。反物质炸弹还有一个很重要的优点，这就是它与原子弹、氢弹不同，爆炸后不残留放射性物质、不造成放射性污染。同时，反物质制造和利用的技术难度高、耗资大，一般国家不易掌握和实现，便于个别国家独自拥有。

鉴于反物质的前景如此重要，许多国家都抓紧时间研究。

美国费米国立加速器研究所、法国和瑞士合建的欧洲研究中心、俄罗斯高能物理研究所都在进行反物质武器的研究。中国的反物质研究始于20世纪80年代初，由世界著名的核物理学家、反物质发现者赵忠尧担任技术顾问，因此西方称他为"中国反物质武器之父"。

此外，欧洲航天局的伽马射线天文观测台证实了宇宙间反物质的存在。他们对宇宙中央的一个区域进行了认真的观测分析，发现这个区域聚集着大量的反物质。这些反物质来源很多，它不是聚集在某个确定的点周围，而是广布于宇宙空间。也许存在一个全部由反物质组成的反宇宙。

△ 反物质发动机

6

平行宇宙

△ 平行宇宙真的存在吗？

平行宇宙论，或者叫多重宇宙论，是一种在物理学里尚未被证实的理论，根据这种理论，在我们的宇宙之外，很可能还存在着其他的宇宙，而这些宇宙是宇宙的可能状态的一种反应，这些宇宙的基本物理常数可能和我们所认知的宇宙相同，也可能不同。埃弗莱特在1957年发表的博士论文中，第一次提出了平行宇宙的概念。

平行宇宙经常被用以说明一个事件不同的过程或一个不同的决定的后续发展是存在于不同的平行宇宙中的。这个理论也常被用于解释其他的一些诡论，像关于时间旅行的一些诡论；像一颗球落入时光隧道，回到了过去撞上了自己因而使得自己无法进入时光隧道。解决这些诡论除了假设时间旅行是不可能的以外，另外也可以以平行宇宙做解释，根据平行宇宙理论的解释：这颗球撞上自己和没有撞上自己是两个不同的平行宇宙。在近年，这个理论已经激起了大量科学、哲学和神学的问题，而科幻小说亦喜欢将平行宇宙的概念用于其中。

科学家通常将平行宇宙分成四类：

第一类，这类宇宙和我们宇宙的物理常数相同，但是粒子的排列法不同，同时这类宇宙也可视为存在于已知的宇宙（可观测宇宙）之外的地方。

第二类，这类宇宙的物理定律大致和我们宇宙相同，但是基本物理常数，比如阿伏加德罗常数不同。

第三类，根据量子理论，一个事件发生之后可以产生不同的后果，而所有可能的后果都会形成一个宇宙，而此类宇宙可归属于第一类或第二类的平行宇宙。因为这类宇宙所遵守的基本物理定律依然和我们所认知的宇宙相同（一颗球落入时光隧道，回到了过去撞上了自己因而使得自己无法进入时光隧道诡论的平行宇宙解决办法属于此种）。

第四类，这类宇宙最基础的物理定律不同于我们所认识的宇宙。而基本上到第四类为止，就可以解释所有可能存在（也就是可想象得到）的宇宙，一般而言，这些宇宙的物理定律可以用M理论构造出来。

以上便是我们所讨论的平行宇宙理论，它分为由低到高四个层次，与我们熟知宇宙的差异也随层次不同越来越大。这些差异可以来自不同的初始条件（第一类）；不同的物理常数、粒子种类和时空维数（第二类）；不同的物理规律（第四类）。有意思的是，第三类才是最近几十年研究最火热的东西，因为它本质上没有增添任何新的宇宙类型。

未来十年内，发展迅猛的、对宇宙微波背景和空间大尺度物质分布的测量，会进一步确定空间的准确曲率和拓扑结构，其结果将直接支持或驳倒平行宇宙的假说。

△ 平行宇宙（想象图）

7 可控核聚变

核能包括裂变能和聚变能两种主要形式。

裂变能是重金属元素的原子通过裂变而释放的巨大能量，目前已经实现商用化。因为裂变需要的铀等重金属元素在地球上含量稀少，而且常规裂变反应堆会产生长寿命放射性较强的核废料，这些因素限制了裂变能的发展。另一种核能形式是目前尚未实现商用化的聚变能。

利用核能的最终目标是要实现受控核聚变。核聚变是由较轻的原子核聚合成较重的原子核而释放出能量。最常见的是由氢的同位素氘（又叫重氢）和氚（又叫超重氢）聚合成较重的原子核（如氦）而释放出能量。

核聚变较之核裂变有两个重大优点：

一是地球上蕴藏的核聚变能远比核裂变能丰富得多。据测算，地球上蕴藏的核聚变能约为蕴藏的可进行核裂变元素所能释出的全部核裂变能的1 000万倍，可以说是取之不尽的能源。

第二个优点是既干净又安全。因为它不会产生污染环境的放射性物质，所以是干净的。同时，受控核聚变反应可在稀薄的气体中持续地稳定进行，所以是安全的。

目前实现核聚变已有不少方法。最早的著名方法是"托卡

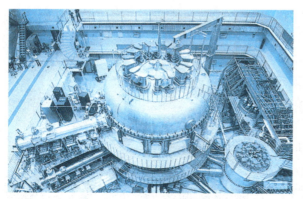

△ 中科院合肥等离子物理研究所研制的"EAST全超导非圆截面托卡马克装置"

"马克"型磁场约束法。它是利用通过强大电流所产生的强大磁场,把等离子体约束在很小范围内以实现上述三个条件。虽然在实验室条件下已接近于成功,但要实现工业应用还差得远。按照目前技术水平,要建立"托卡马克"型核聚变装置,需要几千亿美元。

另一种实现核聚变的方法是惯性约束法。惯性约束核聚变是把几毫克的氘和氚的混合气体或固体,装入直径约几毫米的小球内。从外面均匀射入激光束或粒子束,球面因吸收能量而向外蒸发,受它的反作用,球面内层向内挤压,就像喷气飞机气体往后喷而推动飞机向前飞一样,小球内气体因受挤压而压力升高,并伴随着温度的急剧升高。当温度达到所需要的点火温度(大概需要几十亿度)时,小球内气体便发生爆炸,并产生大量热能。这种爆炸过程时间很短,只有几个皮秒(1皮等于1万亿分之一秒)。如每秒钟发生三四次这样的爆炸并且连续不断地进行下去,所释放出的能量就相当于百万千瓦级的发电站。原理上虽然就这么简单,但是现有的激光束或粒子束所能达到的功率,离需要的还差几十倍甚至几百倍,加上其他种种技术上的问题,使惯性约束核聚变仍是可望而不可即。

尽管实现受控热核聚变仍有漫长而艰难的路程需要我们征服,但其美好前景的巨大诱惑力,正吸引着各国科学家奋力攀登。

△ 中国环流器2号A装置

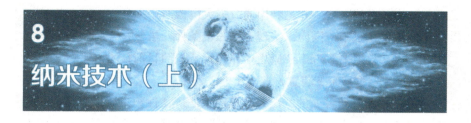

8
纳米技术（上）

纳米技术的灵感，来自于物理学家理查德·费曼1959年所做的一次题为"在底部还有很大空间"的演讲。这位当时在加州理工学院任教的教授向同事们提出了一个新的想法：可以将原子一个一个地排列来制造物品。

△ 原子组成的IBM三个字母

这项天才的设想，直到1981年扫描隧道显微镜发明之后，才逐步从理论走进现实。扫描隧道显微镜为我们揭示了一个可见的原子、分子世界，对纳米科技发展产生了积极的促进作用。1990年7月，第一届国际纳米科学技术会议在美国巴尔的摩举办，标志着纳米科学技术的正式诞生。就在那一年，美国国际商用机器公司在镍表面用36个氙原子排出"IBM"之后，中国科学院北京真空物理实验室自如地操纵原子成功写出"中国"二字。

当物质被加工到纳米尺度（约0.1~100纳米）以后，物质的性能就会发生突变，出现很多特殊性能。这里必须先明确，纳米是一个很小的长度单位，1纳米等于十亿分之一米，等于百万分之一毫米，相当于人类头发直径的万分之一。

纳米材料具有颗粒尺寸小、表面积大、表面能高、表面原子所占比例大等特点，还有三大效应：表面效应、小尺寸效应和宏观量子隧道效应。

导电、导热的铜、银导体做成纳米尺度以后，它就失去原来的性质，表现出既不导电、也不导热的性质。磁性材料也是如此，像铁钴合金，把它做成大约20~30纳米大小，它的磁性要比原来高1 000倍。这一特性主要用于制造微特电机。如果将技术发展到一定的时候，用于制造磁悬浮，可以制造出速度更快、更稳定、更节约能源的高速度列车。

用纳米级金属微粉烧结成的材料，强度和硬度大大高于原来的金属，纳米金属居然由导电体变成绝缘体。一般的陶瓷强度低并且很脆，但纳米级微粉烧结成的陶瓷不但强度高并且有良好的韧性。纳米材料的熔点会随超细粉的直径的减小而降低，例如金的熔点为1 064℃，但10纳米的金粉熔点降低到940℃，因而烧结温度可以大大降低。纳米陶瓷的烧结温度大大低于原来的陶瓷。纳米级的催化剂加入汽油中，可提高内燃机的效率。

纳米级的金属铜颗粒或金属铝颗粒一遇到空气就会剧烈燃烧，发生爆炸。因此，纳米金属颗粒的粉体可用来做成烈性炸药，做成火箭的固体燃料可产生更大的推力。用纳米金属颗粒粉体做催化剂，可以加快化学反应速率，大大提高化工合成的产出率。药物制成纳米微粉，可以注射到血管内顺利进入微血管。

1991年，日本电气公司的专家制备出了一种称为"纳米碳管"的材料，它是由许多六边形的环状碳原子组合而成的一种管状物。它的抗张强度比钢高出100倍，导电率比铜还要高，同时具有极高的韧性，十分柔软，被认为是未来的超级纤维。它的其他性能也很出色，被普遍认为具有广泛的用途。

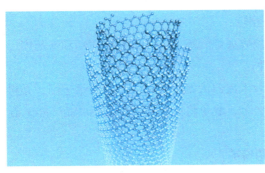

△ 纳米碳管材料结构

9

纳米技术（下）

基于纳米材料的特性，科学家们预计纳米技术将在如下领域大显身手。

（1）纳米动力与纳米武器

理论上讲，可以使微电机和检测技术达到纳米数量级。这在军事上有特别广泛的用途，是纳米武器。世界各主要军事大国相继制定了各自的纳米武器技术开发计划。目前，军事应用主要集中在纳米信息系统和纳米攻击系统两大类上，既有全新武器的研制，又有对传统武器装备的改造和提升。

比如利用纳米技术制造的形如蚊子的微型导弹可以起到神奇的战斗效能，纳米导弹直接受电波遥控，可以神不知鬼不觉地潜入

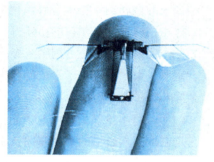

△ 袖珍直升机

目标内部，其威力足以炸毁敌方火炮、坦克、飞机、指挥部和弹药库，摧毁敌方控制系统的电子元件。

军事科学家普遍相信，纳米武器的诞生和在未来的大量运用，必将使传统的作战样式发生根本变革，战争将由此发生巨大的转折，步入新的轨道。

（2）纳米生物学和纳米药物学

纳米生物学是以纳米尺度研究细胞内部各种细胞器的结构和功能，研究细胞内部、细胞内外之间以及整个生物体的物质、能量和信息交换。比如对脑功能的研究，弄清人类的记忆、思维、语言和学习这些高级神经功能和人脑的信息处理功能。

日本三菱公司已开发出一种能模拟人眼处理视觉形象功能的视网膜芯片。该芯片以砷化镓半导体作为片基。每个芯片内含4 096个传感元,有望进一步用于机器人。

大自然的神奇之处在于,自然界各种生物体内的蛋白质、DNA、细胞等其实都是极为复杂的纳米组织,而它们的生成、组装都是自动进行的。如能了解并控制生物大分子的自组装原理,人类对自然界的认识和改造必然会上升到一个全新的更高的水平。

纳米生物学发展到一定水平时,可以用纳米材料制成具有识别能力的纳米生物细胞;还可以制成吸收癌细胞的生物医药,注入人体内,定向杀死癌细胞。

(3)纳米组装技术

纳米组装技术就是通过机械、物理、化学或生物的方法,把原子、分子或者分子聚集体进行组装,形成有功能的结构单元。组装技术包括分子有序组装技术,扫描探针原子、分子搬迁技术以及生物组装技术。分子有序组装是通过分子之间的物理或化学相互作用,形成有序的二维或三维分子体系。

除以上几种组装外,在长链聚合物分子上的有序组装、桥连自组装技术、有序分子薄膜的应用研究等技术也有进展。采用纳米加工技术还可以对材料进行原子量级加工,使加工技术进入一个更加微细的深度。纳米结构自组装技术的发展,将会使纳米机械、纳米机电系统和纳米生物学产生突破性的飞跃。

当然,还有一点需要注意,纳米科技也有很多环境和安全问题,比如尺寸小(是否会避开生物的自然防御系统),还有是否能生物降解、毒性和副作用如何等等。

△ 使用纳米技术逐层组装电脑芯片

10 超导体（上）

　　某些物质在低温下，电阻率突然减小到零，这种现象叫超导现象，处于这种状态的物质叫超导体。

　　第一次发现这种现象的物理学家是荷兰人昂里斯。他在1911年发现当水银温度降到−268.8℃时电阻突然消失。后来他又发现许多金属都具有与水银相类似的特性，昂里斯称之为超导态。因为这一发现，他获得了1913年的诺贝尔奖。

　　超级导电是超导体的第一大特性。

　　众所周知，一般导电体都有电阻，也就是说，电流通过导电体时会自发地转变为热能，无端地消耗掉。在远距离电力传输中，大量的电能就这样消耗掉了。为了减少损失，人们投入了大量资金建造变电所，采用高压送电，即使如此，也要在输电线上损失约30％的电能。要是电线是用没有电阻的材料制造而成，那该多好啊！超导体就有这样的本领。

　　要是用超导材料做输电线，不仅能把输电线上的电能损失节约下来，而且也节约了建变电所所花费的资金，同时又避免了由于高压送电引起的火灾和触电事故。

　　我们常见的电力设备是电动机与发电机，它们的内部都有用导线绕成的线圈。考虑电流通过线圈电阻的热效应，必须选用一定粗细的导线绕制线圈，使电机体积庞大。若用超导体绕制线圈，导线不管多细，电阻均为零，这样就可以做成体积小、重量轻、噪音低、功率大的发电机。

　　超导体的第二大特性是迈斯纳效应。

　　1933年，荷兰的迈斯纳和奥森菲尔德共同发现：当金属处在超导状态时，这一超导体内的磁感应强度为零，却把原来存在于体内的磁场排挤出去。人们对单晶锡球进行实验发现，锡球过渡到超导态时，锡球周围的磁场突然发生变化，磁力线似乎一下子被排斥到超导体之外去了，人们将这种现象称为"迈斯纳效应"。

后来人们还做过这样一个实验：在一个浅平的锡盘中，放入一个体积很小但磁性很强的永久磁体，然后把温度降低，使锡盘出现超导性，这时可以看到，小磁铁竟然离开锡盘表面，慢慢地飘起，悬浮不动。

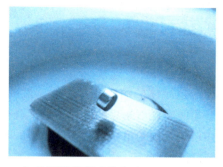

△ 处于悬浮状态的实验用超导体

科学家发现，迈斯纳效应用于列车意义重大。由于列车的车轮与铁轨间存在摩擦，速率有限，若能让列车行驶时悬浮在轨道上面，就可以消除车轮与轨道的摩擦。利用超导体技术就可达到此目的。

△ 超导磁悬浮列车

列车底部装有超导电磁铁，它向轨道面产生强磁场，在轨道面上安置铝制闭路环。列车行驶时，列车上的超导电磁铁产生强磁场，在铝环内感应出强电流，此电流又使铝环产生强磁场，这两个磁场相互排斥，使列车浮起。列车在直线推进电机带动下高速行驶。

超导体还有完全抗磁性和隧道效应。利用隧道效应，可以制造具有高灵敏性的电磁信号探测元件和用于高速运行的计算机元件，可以制造出超导量子干涉磁强计，能测出脑磁图和心磁图，这对人的大脑活动具有重大的意义。也可以应用超导体于微波器件中，这对通信质量的提高也具有重大的应用价值，通信质量的提高将会提高人们的生活水平，改善人们的生活现状。

11
超导体（下）

　　超导体的用途非常广泛，然而，超导体都必须处于极低的温度之下才能展现出超导的性质，这本身极大地限制了超导体的应用。例如，1911年发现的第一个超导体水银的临界温度在–269℃，已经接近宇宙中的最低温度——绝对零度（–273℃）。那么，有没有可能找到在常温下就具有超导性质的材料呢？

△ 电影《阿凡达》中悬浮山就是由常温超导矿石构成

　　1957年，物理学家麦克米兰根据计算断定，超导体的转变温度不能超过约–233℃，这个温度也被称为麦克米兰极限温度。

　　然而，实验物理学家并没有放弃对更高转变温度超导体的探索。功夫不负有心人，1986年，IBM的工程师柏诺兹和穆勒在La–Ba–Cu–O陶瓷材料中发现了–238℃的超导电性。随后，华人科学家朱经武、吴茂坤以及中国科学家赵忠贤等人发现了–180℃下具有超导性的Y–Ba–Cu–O体系。最终，这类铜氧化物超导体最高临界温度被提高到了–108℃附近，从而被称为高温超导体。

高温超导体的临界温度迈入了液氮温区，大大降低了研究和应用的成本。但是，高临界温度只是超导应用中的重要指标之一，为大规模应用，超导材料还需要具有良好的可塑性和承载大电流的本领等，为寻找到更多、更适合应用的超导材料，科学家加快了超导探索的脚步，陆续发现了许多超导新家族。

如今，超导体的种类已经覆盖各种金属、合金、非金属化合物、氧化物，乃至有机物等多种物质形态，似乎暗示"条条大路通超导"。随着诸多新超导体的不断涌现，超导研究领域高潮迭起，人类对超导的不断深入认识也极大地推进了现代基础物理的前沿研究，人们对室温超导体的发现更加充满期待和厚望。

理论上，科学家已经预言在极端高压下的氢元素将变成金属态，它就极可能是室温超导体。从实验上，人们对各种化学形态物质开展深入的探索和研究，已经在寻找更高临界温度超导体方面积累了丰富的经验。

目前的世界纪录是由一种叫铊钡铜络钙盐的物质在2009年创造的。它在–19℃时出现了超导现象。可惜的是，虽然在温度上已经如此贴近0℃，但是它还根本谈不上存在机械性能……简单地说，现在还不可能把它做成电线、电缆、铁轨，甚至弄成一个不会碎的小薄片都很困难，无法走出实验室。

在超导研究的历史上，已经有10人获得了5次诺贝尔奖，其科学重要性不言而喻。目前，超导的机理以及全新超导体的探索是物理学界最重要的前沿问题之一。目前，各国政府，特别是工业发达国家的政府，对超导研究极力支持。

12 3D打印机

3D打印机，即运用快速成形技术的一种机器，其学名为"快速成型"。它是一种以数字模型文件为基础，运用粉末状金属或塑料等可黏合材料，通过逐层打印的方式来构造物体的技术。过去其常在模具制造、工业设计等领域被用于制造模型，现正逐渐用于一些产品的直接制造。

不论是从心脏瓣膜到一座教堂，还是从儿童玩具到汽车发动机，3D打印机已经悄悄来到了我们身边。未来3D打印将在哪些方面给我们带来一些变化呢？下面就让我们看看以下九种使用3D打印技术的方式。

△ 3D打印品

（1）**医疗行业** 最近，一位83岁的老人由于患有慢性的骨头感染，换上了由3D打印机"打印"出来的下颚骨，这是世界上首例使用3D打印产品制作 人体骨骼的案例。

（2）**科学研究** 美国德雷塞尔大学的研究人员通过对化石进行3D扫描，利用3D打印技术做出了适合研究的3D模型，不但保留了原化石所有的外在特征，同时还做了比例缩减，更适合研究。

（3）**产品原型** 比如微软的3D模型打印车间，在产品设计出来之后，通过3D打印机打印出来模型，能够让设计制造部门更好地改良产品，打造出更出色的产品。

（4）**文物保护** 博物馆里常常会用很多复杂的替代品来保护原始作

品不受环境或意外事件的伤害，同时复制品也能使艺术或文物影响更多的人。最近美国史密森尼博物馆就因为原始的托马斯·杰弗逊要放在弗吉尼亚州展览，所以博物馆用了一个巨大的3D打印替代品放在了原来雕塑的位置。

（5）**建筑设计**　在建筑业里，工程师和设计师们已经接受了用3D打印机打印的建筑模型，这种方法快速、成本低、环保，同时制作精美。完全合乎设计者的要求，又能节省大量材料。

（6）**制造业**　制造业也需要很多3D打印产品，因为3D打印无论是在成本、速率和精确度上都要比传统制造好很多。而3D打印技术本身非常适合大规模生产，所以制造业利用3D技术能带来很多好处，甚至连质量控制都不再是个问题。

（7）**食品产业**　没错，就是"打印"食品。研究人员已经开始尝试打印巧克力了。或许在不久的将来，很多看起来一模一样的食品就是用食品3D打印机"打印"出来的。当然，到那时可能人工制作的食品会贵很多倍。

△ 3D打印工厂

（8）**汽车制造业**　不是说你的车是3D打印机打印出来的（当然或许有一天这也有可能），而是说汽车行业在进行安全性测试等工作时，会将一些非关键部件用3D打印产品替代，在追求效率的同时降低成本。

（9）**配件、饰品**　这是最广阔的一个市场。在未来不管是你的个性笔筒，还是有你半身浮雕的手机外壳，抑或是你和爱人拥有的世界上独一无二的戒指，都有可能是通过3D打印机打印出来的。甚至不用等到未来，现在就可以实现。

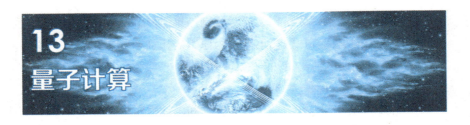

13 量子计算

　　工程专家一直尝试用不同的方法保持计算机处理性能快速增长，其中量子计算就是提高计算机处理性能最好的办法之一。

　　我们目前所使用的常规计算机能处理二进制信息，即0和1。普通计算机中的2位寄存器在某一时间仅能存储4个二进制数（00、01、10、11）中的一个，而量子计算机中的2位量子位寄存器可同时存储这四个数，因为每一个量子比特可表示两个值。使用量子计算，计算机能并行处理更多信息，计算速率将远超当今的计算机。

　　如果一个系统内包含少量的量子位，这个概念完全可行，然而当大量的量子位同时进行处理，目前的技术就捉襟见肘、无能为力了。

　　当下的计算机处理芯片都是"沙子"，也就是硅做的，其物理体积随着时间的推移越来越小，而处理速率却越来越快。现在的处理器已经可以做到一个指甲盖大小，而且处理速率也远超普通体积的处理器。

　　在常规计算机中，信息单元用二进制的一个位来表示，它不是处于"0"态就是处于"1"态。在二进制量子计算机中，信息单元称为量子位，它除了处于"0"态或"1"态外，还可处于叠加态。叠加态是"0"态和"1"态的任意线性叠加，它既可以是"0"态又

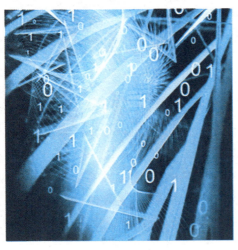

△ 量子计算

可以是"1"态，"0"态和"1"态各以一定的概率同时存在。通过测量或与其他物体发生相互作用而呈现出"0"态或"1"态。这一特性常规计算机根本就无法处理。一旦解决这一问题，计算机的处理能力将暴增，超越目前所有的超级计算机。

如果科学家能够创造一台稳定、可靠的量子计算机，那些长久以来困扰人们的数学难题即可被轻易解决。

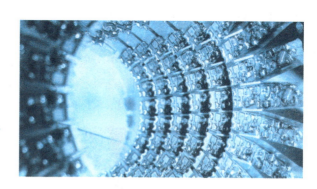

量子计算机的芯片 ▷

量子计算机有多大的处理能力？理论上是无限的。科学家能够依次创造出更智能的计算机，设计出能进行远距离太空飞行的宇宙飞船。量子计算或许还能让真正的人工智能成为现实。

据媒体预测，至少还要十年才能看到真正的量子计算机问世。目前技术障碍太多了，大型量子计算可能永远不能量产。就算量子计算机问世，也只能最先用于超级计算机领域，而非进入大众市场。在此期间，我们还得继续使用常规的计算机。

现在，每个月我们几乎都能看到量子计算的新消息。2011年，加拿大量子计算公司D-Wave发布了全球第一款商用型量子计算机"D-Wave One"。它在散热方面的要求非常苛刻，必须由液氦全程保护，但这至少比原型机离不开接近绝对零度的液氦好多了。量子计算机就在不远处等着我们。

14
太空天梯

　　随着人类太空探索步伐的加快，科学家考虑设计一种太空天梯，实现外太空和地球之间更便捷的物资交换。

　　最早提出太空天梯设想的人是俄罗斯著名学者齐奥尔科夫斯基。他提议在地球静止轨道上建设一个太空城堡，和地面用一根缆绳连接起来，成为向太空运输人和物的新捷径。1970年，美国科学家罗姆·皮尔森进一步完善了太空天梯的设想。

　　所谓地球静止轨道，是因为当在该轨道上的航天器以每秒7.27×10^{-5}弧度的角速率绕地球运行时，正好与地球自转的角速率相同，故从地面上看去，好像固定在太空中不动一样，因此才被称为地球静止轨道。正缘于地球静止轨道的这种特殊功能，齐奥尔科夫斯基才提出在它上面设置一个太空城

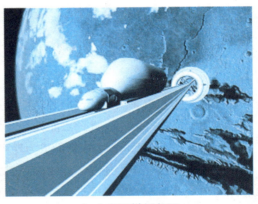

△ 太空天梯想象图

堡，在地球赤道上垂放一根缆绳锚，就可成为通向太空的天梯。这架梯子可以笔直地通向静止轨道，在无外力影响时它不会弯曲，能成为通往太空的运输线。

　　1978年，著名科幻作家阿瑟·克拉克出版了科幻巨著《天堂的喷泉》，对太空天梯做了翔实的描写。当时有人问克拉克需要多长时间才能实现这一梦想，他回答道："在受大家嘲笑的50年后。"

　　现在，除了美国的电梯港集团，还有许多科学家和机构致力于研发"太空天梯"，日本和俄罗斯的科学家也曾就如何设计"太空天梯"提出了初步方案。构想中的初版天梯可能在2019年问世，其成本大约为70亿到100亿美元，与人类其他大型太空工程相比，这项费用并不算太大。

　　太空天梯一旦建成，就可昼夜不停地开展运输工作，把旅游者和货物送入太空，并大大降低运送费用。目前火箭发射或航天飞机运送每千克有效载荷约需2万美元，而太空天梯运送每千克物品仅需10美元，从而能够推动空间技术实现跨越式发展。

　　根据科学家的介绍，"太空天梯"的基座基本上应该在赤道上，因为这里与地球同步轨道的距离最短。此外，基座还有"固定式"和"漂浮式"两种。其中"固定式"的容易建造与之配套的各种硬件设施，比如地面上的基站、指挥部等等。而"漂浮式"也有着自己的优点，它有躲避不良气候以及减少重力的作用，因此也有不少支持者。

　　目前的设计都倾向于使用一条扁长的带子作为缆绳。据计算，由于地球重力的作用，地球同步轨道处的缆绳会最粗，然后向两边变细来节省重量。关于缆绳的材质，目前人类已知的材料中，最有希望的是碳纳米管。

　　"太空天梯"毕竟不是传统电梯，最简单的让电梯爬上去的方法就是在电梯上装上马达，从而取得向上的动力，电源可以从缆带上取得。但是目前比较科幻的想法是在"太空天梯"上装上反光板，然后利用激光将电梯舱"射"上去。

　　预计未来的"太空天梯"可供30人乘坐，以200千米时速上下，用7天半抵达高度达3.6万千米的太空站。

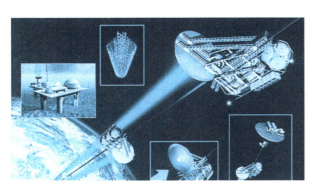

15 到太空采矿

　　2012年谷歌公司执行董事会主席埃里克·施密特、谷歌联合创始人拉里·佩奇联合著名导演詹姆斯·卡梅隆，共同投资了一家颇具雄心的太空探索和自然资源公司，该公司将从地球附近的小行星上开采贵重金属。

　　这家名为"行星资源"的公司2012年4月24日宣布，公司将着眼于研发和销售极端廉价的机器人航天器，用于考察任务。行星资源公司联合创始人皮特·戴尔曼迪斯和埃里克·安德森表示，绕地球轨道试验任务预计将会在两年内开展。在五到十年之内，该公司将会陆续开展销售地球轨道观察平台、探矿服务等项目。

△ 去太空采矿

　　该公司计划探查飞近地球的小行星，并从小行星上开采矿产。根据眼下的市价，一颗直径为98英尺（约合29.87米）的小行星上可能会有价值达500亿美元的铂矿。

　　不过，并非所有任务都是开采贵重金属和矿产，该公司还计划采集小行星上的水资源，作为轨道飞行的"加油站"，为NASA等机构的机器人和人类太空任务服务。

　　埃里克·安德森在接受路透社采访时说："我们有长远的打算，我们并不指望这家公司在一夜之间赚得盆满钵满，这需要时间。"该公司预计将在数十年内因开采贵重金属而获得巨额回报。

　　皮特·戴尔曼迪斯称，如果回顾历史，你会发现，人类投入资金最大的探险和交通项目，都是为了采集资源，其中包括欧洲人寻找香料、美国移民前往西部开采金矿、石油等。

"这些珍贵的资源促使人们投入巨资打造船只、铁路、石油管道。放眼太空，我们地球上视为珍宝的资源，如金属、矿物、能源、土地、水资源等，在太空中都是无穷无尽的。"戴尔曼迪斯说，"正是有了这样的契机，我们才会建立一个探索资源的公司，将我们所需要的资源变成现实。"

专家们此前曾表示，资源的稀缺性导致了全球性的开发热，并在近些年导致了国与国之间紧张态势的升温。

△ 宇宙是人类未来的资源库

行星资源公司的新闻稿透露，该公司计划创造一个太空新行业，为"自然资源"设立一个新的定义。该公司的目标有两个：一是开采自然资源，二是进行太空探索。他们希望在出售从小行星上开采回来的原材料的同时，为全球新增数万亿美元的GDP。

该公司的两大目标资源是铂族金属（钌、铑、钯、锇、铱和铂）以及水。铂族金属在地球上很少见，开采也不容易。事实上，有不少稀有金属都不是地球自然产生的，而是来自小行星撞击。

从太空岩石中开采铁、镍等资源是一个已存在了数十年的话题。导致开采任务至今未能实现的一个重要原因是成本太高。NASA专家过去曾表示，类似的任务要花费巨额资金，而且要花上十年才能让宇航员成功登上小行星。

行星资源公司现在还不愿透露，到底将在何时、如何开展太空采矿任务。该公司的第一步任务是开发新技术，将外太空机器人探索任务的费用降低到现行费用的1/10至1/100。这样的任务现在要花的经费数以十亿美元计。

16

改变未来的革命性技术（上）

当我们回顾近代历史时，我们很容易发现科技在塑造世界方面的巨大能量。事实上，科技发展的速度如此之快，以至于我们现在的生活方式也许在十年后的我们看来将会是过时透顶的。

既然这样，那么窥视一下未来世界的模样一定非常酷。我们现在看来的前沿技术，有哪些会在未来变得司空见惯呢？这些技术又能给我们的世界带来怎样的颠覆性的改变呢？

（1）大气能量

在我们周围的空气和云层中其实总是蕴含着免费的电能。这个事实在雷雨或是极光这种自然现象发生时显得最为明显。如何捕捉和控制这

△ 大气中蕴藏着极大的能量

些电能是一个巨大的挑战，但是一旦我们能够利用地球自身的电场——这样我们便能轻松地从空气中获取电能——那么这项技术为我们的能源结构贡献力量的潜能将是巨大的。

目前，有一家美国公司正致力于将利用大气能量变为可能。他们已经拥有了相关的四项专利，还有三项正在审批中，而有19项则正在研究中。

（2）现实增强

现实增强有着彻底改变我们的世界以及我们与之进行交互的方式的潜力。

你也许听说过虚拟现实这个概念，那说的是一个计算机模拟出来的

环境。而现实增强则是计算机生成的感官输入与现实世界的一个融合。现实增强并不是创造了一个虚拟的世界，而是提高了我们对于现实世界的感知能力。

　　这项技术还具有使实时控制现实世界中的信息成为可能的潜力。这样一来，你就可以像使用触摸屏设备一样轻易地控制信息。本质上讲，现实增强使得我们离科技与现实的融合又近了一步。有了这项技术，也许有一天，我们将很难真正地把科技与现实区别开来。

　　（3）太阳能燃料

　　假如我们能够以某种方式直接将太阳能转化为液体燃料会怎么样呢？这就是太阳能燃料得以发展的理念——这种燃料模仿了植物的光合作用，能够自动产生能量。太阳能燃料将给可再生能源的存储带来革命性的变化。具体而言，这种技术将让我们能够将太阳的能量以液体的形式保存。

△ 太阳能燃料不是空想

　　一家美国公司的一项技术能够仅以阳光、二氧化碳和非饮用水为原料生产燃料。他们也相信，在不久的将来，他们能够以和汽油相近的成本生产这种燃料。

　　（4）工程干细胞

　　没有几项技术能够像工程干细胞技术这样改变制药行业的了。有了这项技术，干细胞不仅仅能够从基因上被改造为可以攻击像艾滋病和癌症这样的疾病，而且我们还将可以利用干细胞来生成活体的组织。

　　这项技术的最终目标是能够再造可移植的器官。一旦这项技术成熟，人类的生命也许能够被无限地延长。想象一下这样的场景吧，任何时候你的任意一个器官发生病变，你都可以将其换掉，就像换一个汽车零件那么简单。

17
改变未来的革命性技术（下）

（5）无线能量传输

让我们想象一下不用线缆，直接从电源处以无线的方式为我们的设备取电的情境，就像你的笔记本电脑找到一个无线网络的连接那样简单。

实际上，无线能量传输的技术已经存在了，不过它还有待完善。我们还面临着传输效率的问题：有太多的能量在传输的过程中流失了。

不过，随着这项技术的发展，我们也许能够预见到一个不再需要插入任何电源的世界。也许这项技术还能更加令人惊叹地改变我们探索太空的方式。那时，不光我们能够将能量无线地从地球传输到卫星、空间站和航天飞船上，而且，在太空中聚集的能量也将能够被传回到地球。

（6）空间太阳能

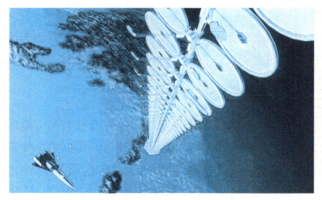

△ 空间太阳能

如果我们能够在太空中安装一个巨大的太阳能电池板阵列将会怎样呢？我们不仅可以将它放在总是朝向太阳的位置，而且也将没有任何空气能够阻碍能量的传输。这就是所谓的空间太阳能技术。

当然，这些技术的一个瓶颈就在于我们是否有能力在太空中安装并且维护这么庞大的一个电池板阵列。还有能量传输的问题，这取决于无线能量传输技术的发展。不管怎样，仍然可能在未来的某一天，这项技术将满足我们所有人的能源需求。

（7）所有东西都"喷"上WiFi热点

无论何时何地，只要我们想要，我们就能够访问移动网络，而且联网速率会很快，这可能吗？

有一家公司已经开发出一种充满数百万"纳米电容器"的液体，把这种液体喷在物体表面就可以接收无线电信号，效果比标准金属棒还好。通过一个路由器，天线可以接入光纤网络，接收目标卫星的信号，还可以和附近节点形成串联。这样就有可能用低成本的宽带WiFi热点组建一个网状网络。这种天线可以喷涂到任何表面，所以任何地方都可能成为你的网络基站。

（8）沙漠变成发电厂

地球上的沙漠用6个白天的时间就能吸收超过人类一年使用量的能量。现在，科学家计划利用沙漠中的这些能量。"沙漠技术"将在世界的沙漠上建造数百平方英里的风能和太阳能电站，这些电站会接入电网，把稳定、廉价、可再生的电力送到日照较少的地区。据估计，到了2050年，1 300平方英里（约3 367平方千米）的北非沙漠就可以满足欧洲20％的能源需求。

（9）对飞向地球的小行星宣战

如果一颗小行星出现在与地球相撞的轨道上，一种应对之策是发射携带核弹头的飞船，飞船由两部分组成，一部分是动能撞击器，一部分是核弹，动能撞击器首先分离，在小行星上炸出一个巨大的坑，核弹头紧随而至，它将在炸出的坑内爆炸，把小行星炸成碎片。

据计算，爆炸之后，99％的小行星碎片将会错过地球，只有极少部分会进入地球，其中大部分会在大气层中燃烧殆尽，不会对地球构成任何威胁。预计，实现此任务将花费10亿美元。这一方法，被认为是人类目前能够解决小行星威胁的最佳方法。

18 普朗克卫星告诉我们的秘密

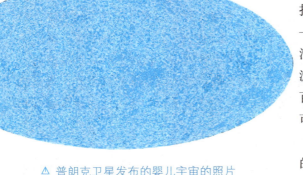

△ 普朗克卫星发布的婴儿宇宙的照片

普朗克卫星一直在扫描整个天空，一遍又一遍，窥视着从宇宙中汹涌而来的射电波及微波。这些"光"起源于百亿光年以外，来自于可观测宇宙的边缘。

这些来自早期宇宙的光，本身并不均匀。如果把对比度增强许多倍，你会看到或明或暗的斑点。它们对应于宇宙中幅度在十万分之一级别的温度起伏。这种差异小到难以置信，却有着深远的影响。

这些起伏正是普朗克卫星观测的目标。科学家花了几年时间审视和分析普朗克得到的数据。2013年3月，他们公布了相当有趣的发现：

（1）**宇宙年龄为138.2亿年**

宇宙的年龄比我们预期的大了那么一点点。新的宇宙年龄估值与以前的估值是完全相符的，只不过普朗克的数据应该会更精准一些。对于天文学家而言，这个数值将成为宇宙年龄新的标准值。

（2）**宇宙膨胀的速度比我们预期的稍慢一些**

普朗克发现，宇宙正以67.3千米/秒/百万秒差距的速度变大。百万秒差距是一个距离单位，大约相当于326万光年。这个数据意味着，如果你观察326万光年以外的一个星系，你会发现它好像在以每秒67.3千米的速度离你而去。652万光年以外的星系，就会以每秒134.6千米的速度远去，以此类推。

这就是所谓的"哈勃常数"。过去一个世纪以来，科学家用不同的方法测量了这一数值，此前的最佳数值是74.2千米/秒/百万秒差距。

（3）宇宙的组成

源于早期宇宙的光，其中的温度起伏以及那些起伏的分布模式，可以用来推算宇宙由什么构成。普朗克得

△ 普朗克卫星绘制的宇宙中所有物质的分布图

出的宇宙成分及其所占比例为：普通物质占4.9%，暗物质占26.8%，暗能量占68.3%。

（4）宇宙是不平衡的

在目前公布的所有结果中，这或许是最令人兴奋的一个。科学家曾经预期，宇宙在大尺度上是相当均匀的。但在普朗克绘制的大图中，某一侧的幅度稍稍大了一点，而另一侧的幅度又稍稍小了一点。这种效应小到让人觉得不可思议，但似乎是真实存在的。宇宙在大尺度上是不均匀的！

这意味着什么？现在我们还不知道。有太多的想法能够解释这种现象为什么会发生，但我们还没有那么多数据去检验它们。有一个想法认为，这可能意味着暗能量在随时间变化。另一个想法就要激动人心得多，认为我们看到的是大爆炸之前留在宇宙中的某种印痕。也许宇宙本身似乎略微有些倾斜，只有在测量整个宇宙时，我们才能察觉到一丝迹象。

这些新的结果让科学家感到非常开心。

19 正在进行的六大实验（上）

工欲善其事，必先利其器。科学家们认为，下一个巨大突破可能源于他们正在进行的某个实验，以下六大实验可能会在物理学界掀起惊涛骇浪，彻底改变物理学的面貌。当然，这些实验都是科学界的"泰坦尼克"，而且会变得越来越庞大。

（1）大型强子对撞机

△ 大型强子对撞机（LHC）

欧洲大型强子对撞机是现在世界上最大、能量最高的粒子加速器，是一种将质子加速对撞的高能物理设备，英文名称为LHC（Large Hadron Collider）。LHC和一个中型城市一样大，其中的圆形隧道位于地下50~150米之间，长达27千米。2008年建成运行后，已经取得了一系列的成果。

但科学家并不满足。2013年2月开始，LHC进入为期两年的停机维护期。在这两年内他们要对该设备进行彻底的修理和升级，希望在两年后它能突破迄今为止最高8万亿电子伏特对撞能量的限制，以14万亿电子伏特的初始设计能量进行对撞实验。

这一对撞能量应该足以制造出诸如超弦理论、多维宇宙等下一代物理理论预测可能存在的粒子。

（2）量子反常霍尔效应

在凝聚态物理领域，量子霍尔效应研究是一个非常重要的研究方向。如果将其应用于电脑，则能从根本上改变现有电脑。

1980年，德国科学家冯·克利青发现了"整数量子霍尔效应"，于1985年获得诺贝尔物理学奖。1982年，美籍华裔物理学家崔琦与美国物理学家施特默发现"分数量子霍尔效应"，不久，由美国物理学家劳弗林给出理论解释，三人共同获得1998年的诺贝尔物理学奖。

然而，这两种量子霍尔效应的产生需要非常强的磁场，难以普及。1988年，美国物理学家霍尔丹提出可能存在不需要外磁场的量子霍尔效应，被称为"量子反常霍尔效应"。但多年来一直未能找到。

2006年，美国斯坦福大学张首晟教授领导的理论组成功地预言了二维拓扑绝缘体中的量子自旋霍尔效应。2010年，我国理论物理学家方忠、戴希等与张首晟教授合作，提出磁性掺杂的三维拓扑绝缘体有可能是实现量子化反常霍尔效应的最佳体系。2013年3月，中科院物理所与清华大学物理系合作攻关，成功地观测到了"量子反常霍尔效应"。

这一发现可被用于发展新一代低能耗晶体管和电子学器件，进而推动信息技术的进步，甚至可能引发又一次信息技术革命。

（3）先进激光干涉引力波天文台

引力波是爱因斯坦的广义相对论预言的一种时空波动。从2014年开始，位于美国路易斯安那州的列文斯顿和华盛顿州的汉福德的两个先进激光干涉引力波天文台，将同时使用几千米长的激光"尺子"，追踪空间抖动（相当于地球向太阳移动单个原子直径的1/10的距离）。两个天文台耗资数亿美元，彼此相距3 000千米，因为只有两个探测器同时检测到的信息，才有可能是引力波存在的证据。

如果该探测器能有所发现，它将是爱因斯坦相对论最至高无上的胜利。如果该探测器一无所获，科学家们将不得不再次从重力理论出发，为宇宙建立新规则。

20
正在进行的六大实验（下）

（4）激光空间干涉引力波探测器

在地球上进行的寻找引力波的努力受到环境的干扰，只能探测频率相对较高的引力波，因此科学家把希望寄托于太空。

欧洲航天局的激光空间干涉引力波探测器（LISA）计划目前正处于开发研究阶段，其先行测试计划"LISA探路者"于2014年底正式发射升空。

"LISA探路者"将用于确认广义相对论中与重力有关的描述是否属实。同时，这项测试任务将为更为雄心勃勃的任务铺平道路。

科学家希望，能在2020年左右发射三艘飞船，彼此相距380万千米，环绕太阳轨道飞行。每艘飞船内都装有飘浮的金铂立方体。飞船发射的激光束将用于测量立方体之间发生的由极其微弱的引力波导致的微小变化。

（5）搜寻暗物质的"芳踪"

暗物质是宇宙中最难以捉摸的物质之一。科学家们耗费巨资，使用最尖端的设备，还设计出了很多极端精确的实验，希望从茫茫宇宙中将这个"狡猾的家伙"揪出来。

2014年2月，位于四川省锦屏山2 500米深处的粒子和天体物理学氙气试验——熊猫X项目（PandaX）开始启动。熊猫X项目由上海交通大学牵头，计划耗资800万美元。

熊猫X和其他类似的项目都需要在地下进行，目的是屏蔽大多数可能产生错误信号的辐射源。但熊猫X是其中深度最深的探测器，它上面的岩石主要是大理石，不存在多少辐射材料，是目前世界上探测条件最好的地下实验室。

在锦屏山地下实验室内部，一座装有液态氙气的巨大水箱维持在极低的温度下。如果一个弱相互作用的大质量粒子（与暗物质相关）击中内部的氙气原子核，就会发射出光子和电子，这两种粒子都将被研究人员探测到。对比两种信号，就可能找到传说中的暗物质。

如果熊猫X或者他们的竞争对手，如美国的LUX项目或者意大利的Xenon项目，发现了可靠的可重复结果，那么对于基础物理学的意义将是非常重大的，它将解开许多天体物理学和宇宙哲学领域的谜题。

△ 锦屏山地下实验室装满液态氙气的巨大水箱

（6）中微子工厂

中微子是一种不带电、质量极其微小的基本粒子，在微观的粒子物理和宏观的宇宙起源及演化中同时扮演着极为重要的角色。2011年中国建成的大亚湾中微子实验室的目的，就是想搞清楚这个"魔鬼"粒子的属性。

大亚湾中微子实验室建在大亚湾核电站中，其目的是利用大亚湾核反应堆群产生的大量中微子，来寻找中微子的第三种振荡。它通过分布在三个实验大厅的8个完全相同的探测器来获取数据。每个探测器呈直径5米、高5米的圆柱形，装满透明的液体闪烁体，总重110吨。

△ 位于广东大亚湾核电站的中微子探测器

2012年2月，实验组宣布，首次发现了中微子的第三种振荡，并精确测量到其振荡几率为9.2%，误差为1.7%。

这次发现是目前世界上最好、最精确的中微子振荡测量结果，它为未来中微子研究指明了方向。

九　物理学的未来

1
时间旅行的现实可能性（上）

　　自时间旅行题材问世以后，反映时间旅行的小说和影视汗牛充栋，蔚为大观。总体上看，时间旅行通常有三种类型：

　　一种是实体旅行，也就是时间机器载着人一起穿越时间的藩篱。有时候，这种类型的旅行会附加上只能传送人体的特别限制，目的却不过是让施瓦辛格之类的肌肉男展示身材，顺便堵上执行关键性的刺杀任务却没有从未来带来杀伤力巨大的武器的漏洞而已。

　　第二种是意识旅行，说得更直白一点，就是灵魂穿越时空，回到过去，附身于当时的某个人。

　　第三种是旁观，换而言之，就是旅行者的实体和意识都还在原处，他只是借由某种仪器能够切实地观察到过去。对于已经凝固的历史，他只能是一个旁观者。

　　事实上还有第四种，那就是纯物品或者纯信息的时间旅行。只是这种类型的时间旅行因为缺少主角的代入感而乏人问津。其实，真正细究起来，此种类型的时间旅行也是很有看头的。

　　回到过去，改变过去，以实现自己想要的未来，这诱惑几乎和长生不老一样巨大。但是，历史真的就如面团一般，会任由人来改变吗？不会，一条叫作悖论的大河就挡住了时间机器的去路。

　　"外祖父悖论"是专门为阻止时间旅行发生而降生的：如果你通过时间旅行到过去，杀死了你的外祖父，娶了你的外祖母，那么你自己到底是谁？

　　该悖论就像一口黝黑幽深的陷阱，能把沉迷其中的人完全困住。据说，真有思考时间问题的科学家发了疯。它又如此犀利如此有名如此可恶，写时间旅行却不涉及"外祖父悖论"的，基本上可以视其为耍流氓。

　　那么，就实际情况而言，时间旅行可能吗？

　　首先，告诉大家一个好消息：现有物理定律并不能否定时间旅行的可能性；20世纪物理学上有两大成就——相对论和量子力学，都不同程度地支持时间旅行。

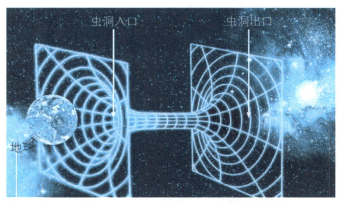

△ 现有物理定律并不能否定时间旅行的可能性

　　1905年问世的狭义相对论认为：当一个物体的运动速率接近于光速时，时钟会变慢。因此，如果有人想要到未来去旅行，他所需要的时间机器就是一艘接近光速的飞船。当飞船以光速的99.99995%飞行二十年，他就到达了两万年后。

　　狭义相对论还为重返过去提供一种令人难堪的理论可行性。如果飞船的速率超过光速，那么对飞船而言，时间就变为负值。超光速飞船的飞行是在重返过去。问题是，狭义相对论本身成立的前提就是光速不变，就是没有任何已知的物理过程能够使原本亚光速运动的物体——包括人——进入超光速运动状态。这种矛盾使得科学家不得不为重返过去寻找新的理论依据。

2 时间旅行的现实可能性（下）

　　在广义相对论中，时间和空间依赖于物质的分布与运动。它表明时空会像流体一样受到运动物质的拖曳。运动的物质会拖住时间，使其慢下来；物体的质量越大，对时间的拖力就越大。

　　放眼宇宙，黑洞无疑是质量超大的星体，其引力之大，连光线都不能逃脱。像这样的黑洞会使时间变得非常非常慢。如果你乘坐的飞船能够围绕黑洞旋转，而不被黑洞"吸"进去，你所经历的时间会比正常时间慢得多。飞船与黑洞靠得越近，停留的时间越长，那么等你离开黑洞，会发现你所到达的未来距离你出发的时间越久远。显然，这又是一个指向未来的时间旅行方式，黑洞就是天然的时间机器。

△ 通过时间彼方的通道已经打开

　　似乎飞向未来更容易一些。难道就没有能重返过去的时间旅行方式吗？毕竟那才是我们迫切想去的地方。答案是：有。

　　照刚才的论调继续推演，时间的方向可以被物质的运动所拖曳，如果存在某种物质的分布与运动，它对时间方向的拖曳如此显著，以至于把未来方向拖曳成过去方向，甚至让不同的时间方向首尾相接，连成一条闭合曲线，这不就是一种时间机器吗？理论上讲，沿这种曲线运动的飞船不仅可以在空间上，而且会在时间上回到出发点。那么，这种"闭合类时曲线"存在吗？

1949年，哥德尔在广义相对论中发现了一个非常奇特的解，描述了一个整体旋转的宇宙，被称为哥德尔宇宙。在哥德尔宇宙里，闭合类时曲线确实存在。此后，科学家又先后发现了两个广义相对论的解，支持闭合类时曲线的存在。这些研究成功地把时间机器在理论上的可能性又推进了一步。

出人意料的是，宇宙中居然有现成的"闭合类时曲线"，这就是"虫洞"。1988年，物理学家索恩与莫里斯等在研究可穿越虫洞时发现，虫洞不仅是空间旅行的通道，而且还可以作为时间旅行的工具。只要让虫洞的出入口以接近光速的速率做适当的运动，

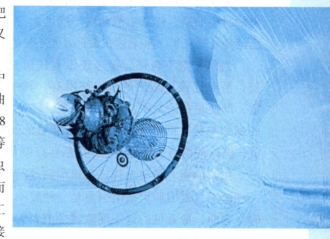

△ 穿越时空，向着未知飞去

就可以将虫洞转变成时间机器——虫洞简直就是宇宙的漏洞！

量子力学告诉我们，对量子系统的观测可以影响到它过去的状态，科学家称之为后选择。这也就意味确定的结果可以决定之前发生了什么。因此，一些物理学家认为，利用量子传输就可以制造出"时间机器"来。

当然，时间旅行从理论上可行到技术上的实现，距离肯定比$E = mc^2$到原子弹的距离大许多倍。目前，对于时间机器的研究和讨论在多数时间被视为不务正业的幻想，但确实有一小部分物理学家在对这个课题进行认真的研究。因为这种研究除了试图探讨时间旅行的理论可行性外，还能够探索现有物理定律的边界，探索在最离奇的情形下物理学定律可以告诉我们什么。

研究时间旅行，能够使我们收获更多。

3
虫洞可以打开吗（上）

　　虫洞一直以来都是科学家和科幻迷们热议的话题之一。这是一种神奇的时空通道，你从虫洞的这一端进入，当你从另一端出来时，你可能已经身处冥王星，甚至远在数百万光年外的仙女座星系。

　　当然，毫不奇怪，至今还没有任何人真正制造出这样一个虫洞设备，甚至连接近造出的进展都没有。其中的一大原因就是虫洞极不稳定，即使是在论文中，科学家们也已经注意到它们有着会在一瞬间关闭的强烈趋势，除非有某种具有负能量的特殊"物质"才能让其保持开放，但这种物质本身是否存在仍然存有很大的疑问。

　　虫洞的概念最早出现还要追溯到爱因斯坦提出的广义相对论，在这一理论中，爱因斯坦指出引力是一种假象，它的本质是由于能量引起的时空弯曲，最常见的这一现象就是由大质量的恒星和星系导致的。就在1916年爱因斯坦发表他的论文后不久，奥地利物理学家德维希弗·弗拉姆便发现这一理论将可以导出某种穿越时空的"通道"。

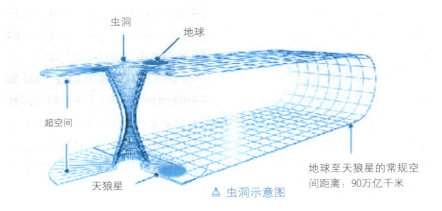

虫洞

地球

超空间

天狼星

地球至天狼星的常规空间距离：90万亿千米

△ 虫洞示意图

但对虫洞这一概念进行详细研究的还是爱因斯坦本人，他和另一位著名的物理学家内森·罗森一起进行了这项研究工作。在1935年，他们提出了一种连接两个黑洞的时空通道的概念，即所谓的爱因斯坦-罗森桥。但是要想穿越这条时空隧道，就必须要求这条隧道两端的黑洞是某一特定的类型。传统定义中的黑洞具有极强的引力效应，物质一旦在其作用下穿越一道所谓"视界"的终极界限便将万劫不复，永远无法逃离。而在爱因斯坦和罗森的理论中，物质将可以穿过这条通道的两端。

爱因斯坦和罗森构建他们的这一理论似乎仅仅是出于一种好奇心，那就是：虫洞通向的目的地几乎是无法想象的。虫洞能带我们去往的目的地是另一个平行宇宙中的某一空间区域，在那个宇宙中或许有着它们自己的星系、恒星和行星。当然，对于今天的科学界来说这样的假设是非常合理而自然的，但是在爱因斯坦和罗森生活的年代，这种想法几乎是让人难以想象的。

幸运的是，在广义相对论中还允许出现另一种类的虫洞。1955年，美国物理学家约翰·惠勒证明有可能将我们这一宇宙中的两处不同区域连接起来，并以此实现高速的星际旅行。他在这里正式采用了"虫洞"这一吸引人眼球的名字，而他本人对于黑洞的命名也曾做出贡献。但是他的这一虫洞版本同爱因斯坦-罗森的版本都具有同样的缺陷，那就是它们非常不稳定，即便是让一颗光子进入其内部，都将立即引起黑洞视界的形成并导致虫洞关闭。

△ 艺术家笔下的虫洞入口

4

虫洞可以打开吗（中）

△ 飞船穿过虫洞

有趣的是，将这一僵局进一步向前推动的却是一位美国的天文学家、文学家卡尔·萨根。在他的科幻小说《超时空接触》中，他需要构思一种在科学上能站得住脚的高速星际旅行方式，以便让他笔下的女英雄实现在时空中的穿梭。于是困惑的萨根向加州理工学院理论物理学家基普·索恩求助，后者很快意识到虫洞的概念可以帮助解决这一问题。1987年，索恩和他的研究生麦克·莫里斯、尤里·约瑟夫一起，提出了一种可以实现星际旅行的虫洞方案。他们证明，如果能找到某种具有负能量的物质，那么只要使用足够多的这种物质，其负能量性质将产生对引力的自然对抗，如此便能保持虫洞的开放。

而负能量物质也并没有它的名字听上去那么荒谬。想象两块平行放置的金属片，一同置于真空中。如果你将这两块金属片不断相互接近，它们当中相隔的真空区域将具有负能量——即这里具有较之外部真空区域更低的能量。这是因为正常状态下的真空就像是波涛汹涌的大海，而当两块金属片非常接近时，较大的波浪将无法通过，于是便被排除在外。所以留在两块金属片之间区域的能量就将少于外侧其他区域。

　　不幸的是，这样的负能量实在太微不足道，根本无法用于维持虫洞的开放。事实上，索恩和他的合作者们提出的虫洞开放策略将需要巨大的负能量来源，其总量几乎将相当于一颗普通恒星在一年中释放出的能量中的很大一部分。

　　我们能找到某种方法来绕过这一难题吗?

　　到目前为止，所有的虫洞理论提出的基础都是以爱因斯坦的广义相对论不谬为前提的。但事实上，这样的前提或许并不牢固。首先，这一理论在黑洞视界范围内将会失效，并且也无法用于解释宇宙极早期的现象。而描述微观世界的量子理论却取得

维持虫洞需要巨大的能量 △

了巨大的成功，它几乎可以解释一切事物，从地面为什么是坚硬的，到太阳为什么可以发光。很多研究者都认为，爱因斯坦的相对论一定是某种更加深刻理论的一种近似。

　　人们对于这一更深层次理论的最初探索出现在1921年。爱因斯坦指出引力是一种错觉，它实际上只是四维时空的弯曲，他巧妙地将传统的三维空间和时间结合在了一起。当时物理学家西奥多·卡鲁扎和奥斯卡·克莱因受到爱因斯坦理论的启发，进一步发展了这一理论，并证明引力和电磁力实际上都可以用一个五维空间的弯曲来进行解释。在那之后，弦理论更是指出，自然界中的所有四种基本力都可以用十维空间的弯曲来进行解释。

5
虫洞可以打开吗（下）

很不幸，当维度超过四维时，这一强大的理论将禁止虫洞的存在，除非有强大的负能量可以维持它的开放状态。2002年，俄罗斯莫斯科引力和基础测量中心的克里尔·布罗尼科夫和韩国梨花女子大学的金宋万

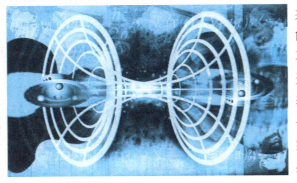

△ 膜理论认为我们所处的世界是一座四维孤岛

共同提出了一种新的可能性，他们提出了一种不需要负能量物质维持开放的虫洞方案。他们基于膜理论原理提出了一系列新的虫洞备选方案。膜理论认为我们所处的世界是一座四维孤岛，它漂浮在更高的维度之海中。

然而像弦理论这类涉及高维的理论都极端复杂。德国奥登堡大学的约塔·昆兹和希腊约阿尼纳大学的帕那吉塔·坎提最近正在从事对爱因斯坦理论的拓展工作，试图使其更加便于处理。这一理论体系最简略的形式名为DEGB理论。

如果更高的维度处于卷缩状态，它们可以变得非常微小，这也就解释了为何我们通常无法直接感受到它们存在的原因。而让弦理论中涉及的另外六个维度卷缩的过程又会形成几个新的力场。与广义相对论将引力概括为时空的弯曲类似，DEGB理论中的引力同样有赖于时空和更高维度上的弯曲。

将这种理论应用于引力方程之后，德国奥登堡大学的克莱豪斯和他的同事们找到了有关虫洞的一个解释。它不需要任何负能量来维持自身的开放，或者更加准确地说，是根本不需要任何物质来维持自身的开放。

这样的虫洞真的会存在于宇宙中吗？很有可能。著名物理学家惠勒指出，量子涨落效应将会让原本呈波浪状起伏的时空网格变成一团剧烈纠缠的复杂形状体，即所谓的"量子泡沫"。根据这幅图景，极微小的、具有不同拓扑结构的虫洞可以在一瞬间出现或消失。

除此之外，还有一种自然的过程可以放大这些虫洞，让它们能够满足时空穿梭的需要。有一种效应我们称之为"暴涨"，这种效应在宇宙诞生极早期曾经发挥极重要作用，新生的宇宙在一瞬间以不可思议的速率剧烈膨胀。克莱豪斯说："与此同时，其中包含的虫洞结构也将随着这种剧烈的膨胀而急剧变大。"

但总体而言即便是规模巨大的虫洞，要想锁定其位置也相当困难。当它们隐藏于尘埃、气体和繁星之中，它们看起来和黑洞非常相似。甚至连人马A，即我们银河系中心位置的超大质量黑洞可能都是一个虫洞。克莱豪斯说，唯一能确认的方法就是研究落入其中的物质的行为特征。

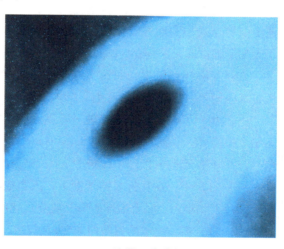

△ 这是一个虫洞吗？

尽管现在我们拥有的DEGB理论只是提出了一种能够连通不同宇宙之间的虫洞模型，但是很有可能还存在其他类型的虫洞可以连接起我们这个宇宙中的不同部分。克莱豪斯和他的同事们正打算就这一问题展开研究。这样一种虫洞如果真的存在，将有望打开星际地铁旅行系统的新视野。

6 曲速引擎的传说与现实（上）

　　《星际迷航》中，为了跨越茫茫星际，"进取号"安装了曲速引擎。依靠它，"进取号"可以以光速的几十倍在各个星系飞行。那么，曲速引擎是什么？

　　所谓曲速引擎，其实是一种以反物质为燃料的发动机，它能在运动物体周围制造一个人工的曲力场，使物体能在这个扭曲的时空气泡中以几十倍于光速的速度移动。曲速就是衡量在这个时空泡里运动的物体的速度。打个通俗的比方，一辆汽车速率不变，但是由于将道路长度进行了大幅压缩，导致路程相应缩短，行驶的时间也就节省了不少。

　　在《星际迷航》中，曲速飞行不但是冒险家战胜茫茫宇宙的法宝，还有其他用处。且看《星际迷航》的大事年表：

　　——2063年4月5日，泽弗里·科克伦博士发明了地球上第一艘曲速飞船"凤凰号"。瓦肯星舰"T'Plana-Hath号"侦测到"凤凰号"的曲速信号，并降落至地球上，与人类进行了"第一次接触"。

　　——2110年，在瓦肯人的帮助下，人类成功摆脱了贫困、疾病和饥荒。又过了40年，"联合地球政府"成立，地球第一次全面统一。

　　——2151年，地球的首艘曲速5级星舰"NX-01企业号"发射，开启了人类深空探索的新纪元。

　　从1960年的"奥兹玛计划"，科学家就开始监听宇宙，看看有没有外星人向人类打招呼。可至今没有确切的消息，这被称为"大沉默"。外星人是否存在呢？物理学家费米问道，要是有外星人存在，那他们都在哪儿呢？这话隐藏的意思是：如果生命是普遍存在的话，为什么我们探测不到他们？他们为什么不来找我们？这被称为"费米悖论"。《星际迷航》给出的答案是：因为我们还没有发明曲速引擎，还不能进行超光速飞行，而用曲速引擎进行超光速飞行是能够加入宇宙俱乐部的前提条件。

△ "进取号"进入曲速飞行状态

那么曲速引擎到底能飞多快呢？最初编剧几乎是在随意使用，有时快，有时慢。后来逐渐固定下来：曲速1级是1倍光速，曲速2级是10倍光速，曲速3级是39倍光速，而曲速9级是1 516倍光速，曲速9.9999级达到惊人的199 516倍光速——若以这个速率飞行，横越银河系也只需要半年时间，至于曲速10级则直接标注为无穷快。

曲速引擎利用空间扭曲来飞行，并非常规的加速方法，在超光速的同时又可以巧妙地避开三维空间中最高速率无法超越光速的难题。问题是，狭义相对论告诉我们，如果我们可以超越光速，就会发生时间倒流的事件，从而引起"外祖父悖论"，这个问题又该如何解决呢？《星际迷航》中并没有做过多的技术性说明，只是在其中几集里，"进取号"穿越了时空，回到了过去。也就是说，曲速引擎有两套运行模式，一套用于空间旅行，一套用于时间旅行。在爱因斯坦的时空观中，时间与空间是一个连续体，那同一个引擎，既能用于空间旅行，也能用于时间旅行，是说得过去的。

7
曲速引擎的传说与现实（下）

　　是不是说曲速引擎有实现的可能性呢？叫人吃惊的是，还真有。

　　1994年，在《星际迷航》问世近30年后，墨西哥籍物理学家阿库别瑞发表了一篇惊世骇俗的论文。

　　在广义相对论中，时间和空间是弯曲的。阿库别瑞正是利用这一点，直接描述了一个完整的并且满足爱因斯坦场方程的弯曲时空。在这个弯曲的时空中，存在一个"气泡"，这个气泡以超过光速的任意大速率运动。计算的结果告诉我们，时空在"气泡"的后面膨胀了，在"气泡"的前面缩小了，这就是"气泡"可以以任何速率运动的原因。

　　他的发现后来被物理学家称为"阿库别瑞气泡"或"阿库别瑞速率"。

　　我们不得不惊叹：科幻再一次变成了现实。

　　曲速引擎这就能制造了吗？结果有点让人失望，计算表明，要想制造出"阿库别瑞气泡"，我们需要"负能量"。能量是什么相信大家都知道，那么，什么是负能量呢？

　　真空中的量子涨落具有能量（零点能），如果某物质的能量低于周围空间的量子涨落能量，就说这个物质具有负能量。需要负能量这件事不是第一次发生，过去，人们在讨论虫洞和利用虫洞制造时光机器时也发现，没有负能量根本做不到。目前，除了在极端情况下，我们还没有观测到负能量的存在。所谓极端情况，是利用"卡西米尔效应"得到的一点点负能量。

　　最简单的"卡西米尔效应"出现在两块很大的平行金属板之间，光子场的量子涨落使得平行板之间的能量变成负的。但这么一点点负能量远远不够制造"阿库别瑞气泡"。要想制造并稳定地运行一个"阿库别瑞气泡"，需要的负能量的绝对值达到10^{64}千克，这远远大于已知宇宙的能量，而负能量的绝对值与气泡的速率平方成正比。

其他科学家有自己的看法。比如，一位科学家在研究结果中说，满足了量子条件，驱动一个原子超光速飞行的负能量的绝对值可以降低到三个太阳质量。另一位科学家甚至说，可以将驱动一个原子的负能量的绝对值降低到几毫克。

此外，要产生速度超过光速十倍的气泡，气泡壁的厚度变得非常小，小到量子引力效应不可忽略。这么薄的气泡壁将包含不可思议的能量。还有人发现，气泡内的霍金辐射会毁灭整个气泡。

超光速时空气泡能否制造出来呢？我们也许需要很久才知道答案。

实际上，《星际迷航》中出现的一部分虚构科技已然成为或部分成为现实。例如液晶触摸屏、折叠式手机、无针头注射器、声控电脑、生命探测仪（"三录仪"的功能之一）等。那么，曲速引擎也是可以期盼的。

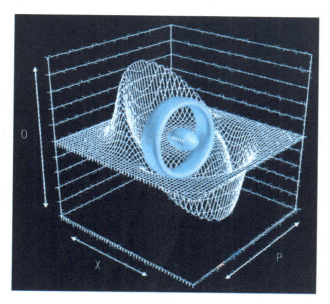

△ 美国科学家设计的一种曲速引擎飞船

8 如何寻找外星人（上）

外星人到底存不存在，又该如何靠谱地去寻找他们呢？

监听无线电信号是一个明智的选择，因为无线电波是人类掌握的速率最快的通讯方式，达到了理论上信息能够传递的最高极限——光速。不论是有意还是无意，人类在日常生活中发出的无线电波，总有一部分会穿透大气层，逃逸到茫茫太空之中。从人类发明无线电报时算起，携带人类信息的无线电波最远已经扩散到了100光年以外。如果茫茫宇宙中存在外星文明，他们进入信息时代或许比我们早很多，那么他们发出的无线电信号所覆盖的范围，也会比我们广得多。

△ 外星人到底长什么样？

更重要的是，为了传递信息，人类发出的无线电波都经过了特殊调制，许多特性与自然现象产生的无线电波截然不同。因此，如果有外星人接收到了这样的信号，无论能不能破译其中包含的信息，他们都能轻易判断这种信号有没有经过智慧生物的"处理"。反过来也是如此：如果接收到一个明显经过智慧生命调制的无线电信号，又能够确认它源自于茫茫太空深处，这必然会成为一个确凿的证据，证明我们在宇宙中并不孤单。

自从美国天文学家弗兰克·德雷克开启那项监听计划以来，类似的SETI（搜寻地外文明）计划一直断断续续持续至今。除了35年前曾经接收过一个可疑信号（事后并未得到验证，所以无法作为证据）以外，我们尚未找到任何可能是外星人发来的"电报"。不过，德雷克认为，我们正处在这样一个历史性大发现的前夕，随着监听效率和计算机数据处理速率的大幅度提高，未来二三十年内我们很可能会接收到来自外星人的无线电信号。在这个过程中，我们也有机会贡献一份力量，参与到SETI项目对数据的处理之中。

但对外星人发来的无线电信号的搜索，已经让一些天文学家沮丧非常——他们甚至提议，我们应该在星际空间大声喊出"你好"，希望能促使那些"愚蠢"的外星人做出回应。

所以，我们或许要换一换思路，不应该尝试去截获外星人的通信信号，而应该去寻找外星人留下的人造迹象。人类已经用道路和城市覆盖了地球表面的广袤地区，而且开始把探测器送往其他的行星。如果我们能在短短几百年里做到这一切，那更先进的文明在几万甚至上百万年的时间里，又能干出些什么呢？

1960年，物理学家弗里曼·戴森指出，如果外星文明不断发展壮大，消耗更多能源将不可避免——而任何恒星系统中最大的能源，就是那颗恒星本身。今天我们总的能量消耗率大约相当于照到地球上的阳光总量的0.01%，因此太阳能能够轻易满足我们的所有需求。

△ 弗里曼·戴森

然而，如果能源需求以每年1%的速率保持增长，那么1 000年内我们所需的能量，就会超出照射到地球表面的太阳能。其他的能源，例如核聚变，也解决不了这个问题，因为它们产生的废热会把地球烤焦。

9

如何寻找外星人（中）

外星文明遇到类似的处境，或许会开始兴建太阳能发电站、发电厂，甚至在太空中定居。通过开采小行星，然后是行星，甚至还有恒星本身的物质，他们能够真正做到向外扩张。戴森的结论是，千百万年之后，这颗恒星可能会被一个巨大的人造太阳能板球壳完全包裹。

△ 戴森球是假想中外星人充分利用恒星能源的终极解决方案

戴森球的规模几乎是无法想象的。一个半径相当于地球轨道的球壳，表面积是地球表面积的一亿多倍。建造这么个大家伙绝非易事。几乎可以肯定，单一壳层会被排除在外，因为它需要经受住超强的应力，在引力上也是不稳定的。集群才是更合理的方案：在互不相交的轨道上建造许多大型电站，让它们可以有效地包裹住中央恒星。戴森本人不喜欢猜测细节，也不喜欢推测建造这样一个球壳的可能性。他说："我们没有办法来判断。"重点在于，如果已有外星人建造了戴森球，我们就有机会能够发现它。

这样一个球壳会遮挡星光，让我们的肉眼看不到它，但这个球壳仍会以红外辐射的形式将废热向外发出。因此，正如卡尔·萨根在1966年指出的那样，如果红外望远镜发现了一个温暖的天体，在可见光波段却什么都看不见的话，它就有可能是戴森球。

△ 戴森球是恒星级的工程

2012年，由一位亿万富翁建立的专门资助"大问题"研究的坦普尔顿基金会，为它的"新前线"项目征集提案，尤其是那些由于极具探索性却毫无实用性而通常无法获得资助的项目。几位天文学家抓住了这个机会，借此来寻找外星人的迹象。2012年10月，"新前线"项目批准了三项独立的搜索计划。每项计划获得的经费虽然只有几十万美元，但他们并不需要建造新的望远镜，只要对数据进行重新分析即可。

美国宾夕法尼亚州立大学的詹森·赖特领导的一个团队，将重新分析两座空间红外天文台取得的数据，从中寻找戴森球发出的废热。

按照赖特的说法，即便是如此大范围的"搜捕"，雄心或许仍显不足。他猜测，星际旅行应该不会比建造戴森球更难。一个拥有如此高技术水平的外星文明，在几百万年的时间内就会向外扩张，殖民整个星系，在所到之处建造戴森球。"我认为，一个星际文明要消亡是十分困难的，因为求生船太多了。"赖特说，"一旦你建立起多个自给自足的殖民地，你们就将掌控整个星系——你甚至无法尝试去阻止这件事，因为你不可能协调所有殖民地的行动。"

如果这样的事情真的在银河系中发生过，那戴森球就应该无处不在才对。赖特说："在我们的星系中去寻找一个或者少数几个戴森球，这是一件非常奇怪的事情。"

10
如何寻找外星人（下）

　　于是，赖特打算进入更深邃的宇宙展开冒险。"一个被殖民的星系很快就会变得非常红，"他说，"因此我们正在寻找大而明亮却没有光学对应体的星系。"如果一些文明已经征服银河系这么大的星系，并且将这个星系整个包裹了起来，那么我们就能够在10亿光年之外发现他们的这个超级工程。如果他们已经殖民统治了整个星系团，那就能在更远的距离上被我们探测到。

　　尽管作用范围极其辽阔，但探测废热这种方法本身就有局限性。如果外星人只建造了一个由收集器组成的薄环，或者建造出来的戴森球留有许多空隙，能够让大量星光通过，这种方法就探测不到任何东西了。

不过，这正是另外两个探测项目的用武之地。他们将在开普勒空间望远镜的帮助下，搜寻规模相对较小的外星文明人造物。开普勒望远镜监测着大约15万颗近距离恒星，寻找行星从恒星前方经过而造成的微弱的亮度变化，目前已发现了上千颗新的外星行星候选者。

△ 像《星球大战》中的死星这样的庞然大物只能是人造物品

　　光变曲线描述的是恒星亮度随时间的变化。比如有一个物体从这颗恒星的圆面前方经过时，对于一个大小相当于气态巨行星的物体，开普勒望远镜观测到的光变曲线甚至能够告诉我们它的形状。

一个木星那么大的矩形物体，肯定出自智慧生命之手。这样一个庞然大物存在的时间，可能比一个完整的戴森球更长久——人造物存在的时间越长久，我们探测到它的概率就越大。霍华德认为，当有不同的物体在不同的平面上绕一颗恒星旋转时，彼此间的引力会扰乱它们的轨道，因此一旦被废弃，戴森球很快就会因为不稳定而解体。然而，一个环或者一个孤立的人造物体，轨道就能够稳定存在数十亿年。

在美国普林斯顿大学的沃尔科维兹看来，这些猜测全都是徒劳的。"人们花了大量时间，试图对外星人进行精神分析，但我们对他们的技术是什么样子一无所知。你越是尝试去想象外星人会做什么，你就越是会限制自己的眼界。"这正是她的团队不设任何前提，着眼于寻找任何奇怪东西的原因。沃尔科维兹认为，他们在几个月内就应该能够找到有趣的候选者。

△ 建在智利沙漠中的世界最大天文望远镜或许有助于找到外星人的踪迹

那些候选者不一定就局限于"大家伙"。这些搜索会检测任何能够改变星光的东西。举例来说，用于发电或者驱动太阳帆航天器的巨型反光镜，就会产生与众不同的闪光。此外，如果外星人有能力修改恒星的物理状态，比如延长太阳的寿命或者生产有用的元素，恒星本身的这些人为变化也会显现出来。

我们还需要等待多久，才会发现外星人呢？

11
未来的计算机什么样（上）

说起计算机，我们都知道它是用金属、塑料和芯片做成的神奇机器，能将电流转变为数字现实。未来的计算机呢？在下文中，我们将见识一些非常"非主流"的计算机。

（1）黏菌懂计算

黏菌这种长得像变形虫的生物生活在败枝腐叶之中。在生命的不同阶段，它们可能是单细胞生物，也有可能数以百万计地融合起来，成为蛞蝓一样的一坨原生质团。原生质团的形式在黏菌觅食时展现出来。在觅食过程中，黏菌展现出惊人的航行技艺和解决几何问题的能力。

黏菌尤其善于为复杂的网络问题寻找解决途径，例如为西班牙的高速公路或东京的铁路系统做有效率的设计。阿达马特兹基和同事的计划走得更远，他们在项目描述中写道：他们的"绒泡菌芯片"将成为"由黏菌构建并操作的发散式生物态计算设备"。

"具有生命力的原生质管道网络会像一个活跃的非线性信息传感器那样运作，而覆盖有导线的管道模板则起到快速信息通道的作用。"研究者这样描述，"和杂交芯片中的传统电子元件结合在一起，绒泡菌网络将从根本上提高数字电路和模拟电路的性能。"

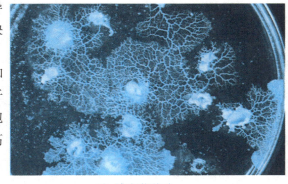

△ 绒泡菌芯片

（2）DNA插一脚

合成生物学家的成就总令人难以企及。这些人似乎每周都能宣布一些新方法，将生命的基石变成细胞计算机的零件。然而，即使在这人才济济的领域，美国斯坦福大学研究者的成果仍旧非常突出，他们开发出一种基于蛋白质的晶体管。这种被称为"转录器"的晶体管负责控制逻辑操作，是将细胞改造成计算机的三大组件的最后一件，其他两件——可擦写存储器和信息传动装置已经被开发出来了。最近，这项研究负责人，合成生物学家德鲁·安迪在构思利用植物构建环境监视器、制作经过编程的组织乃至医疗设备。

（3）进化做设计

大多数分子计算机都是以人类对计算机的概念为蓝本设计的。但正如荷兰特温特大学的应用数学家哈乔·布罗尔斯玛所说："最简单的生命系统又有着让所有人工技术相形见绌的复杂精细度。"——它们甚至还不是被设计出来的，是进化造就了它们。

在"起源计划"中，布罗尔斯玛和同事计划利用进化的能力，把分子的组合及它们的自然性质运用在出人意料的而且强大得难以置信的领域。他们希望构建一个系统，能通过纳米级的粒子网络与数字计算机进行交流，并利用计算机设置目标算法，利用进化将这些粒子引向目标。

其中一个设想是将计算机芯片设置成分子结构中常见的几何形态，例如这里展示的大肠杆菌核糖体RNA。

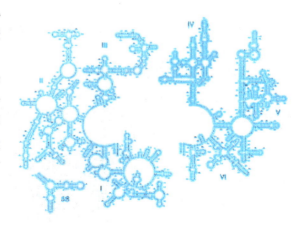

△ 设计成大肠杆菌核糖体RNA形态的计算机芯片

12
未来的计算机什么样（下）

（4）粒子碰撞机

欧洲大型强子对撞机（LHC）长达27千米的身形使它成为全球最大的粒子加速器。它有没有可能也是全球最大的计算机呢？

短期内还不是，不过想想还是有可能的。英国非传统计算机学专家阿达马特兹基的另一项追求被他称为"基于碰撞的计算"，也就是经计算建模的粒子，快速通过数码回旋加速器，利用粒子间的相互作用进行运算。"数据和结果就好像划过空中的皮球一样，"阿达马特兹基说。

（5）量子计算机

量子纠缠是一种量子力学现象，描述的是两个相距非常遥远的粒子仍然通过时空相互联系，一个粒子的改变立刻会影响到另一个。诸如此类的量子力量令人毛骨悚然，但利用这些力量构建计算机的想法却已有些年头了。虽然量子计算机要面世还早得很，相关成果却在不断累积：利用更多粒子展现纠缠现象已达到肉眼可见的程度。这种现象被用于控制机械物质。

2013年，美国马里兰大学的物理学家伊度·瓦克斯和同事成功地用逻辑电路控制光子，这些逻辑电路由量子点或者受激光和磁力控制的半导体晶体构建而成。研究者写道："这些成果代表了向固态量子网络迈出的重要一步。"

（6）冻结光线

如果利用纠缠的光子运行计算机还言之过

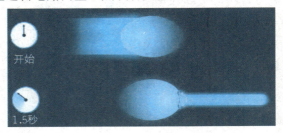

△ 被冻结的光线

早的话，这里还有一种以光作为基础的计算方式——非量子的。当温度低到只比绝对零度高一点时，超低温的原子云可能能够拖慢并控制光。利用这种现象也许能制造光学计算机芯片。

（7）量子大脑

量子计算现在虽然是个遥不可及的梦想，一些科学家仍然在思考意识背后的量子物理学。这个问题还尚未解决，不过研究者在一系列非人类的细胞中观察到了量子过程，这为量子在意识中的作用提出了扣人心弦的可能。

"人类意识中有量子运算过程，不过仅仅发生在潜意识水平，"美国帕多瓦大学的理论物理学

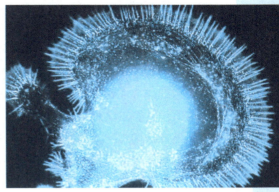

△ 大脑也是信息处理系统

家帕奥拉·孜孜说道，"由于量子运算比经典的运算过程快得多，潜意识的思考也比有意识的思考要快得多，前者为后者'做了准备'。"

一旦量子思考过程在我们的大脑中被鉴别出来，也许会启发我们设计出现在无法想象的计算机。

（8）宇宙也是计算机？

在《可计算的宇宙》一书中，詹尼尔和其他人把运算看成一个抽象的过程。任何具有存储和信息处理能力的系统都能在逻辑的限度内进行运算。他们认为，计算机并不仅仅可以用化学物质或细胞或光线制造。宇宙本身可能就是一台计算机，处理由我们日常的经历以及其他一切事物组成的信息。

这是个棘手的构思——如果宇宙是运算的，谁是运算者？出于明显的理由，要验证这个构思非常困难。不过，詹尼尔认为不无可能。在他关于存在的算法研究中，他开发了量度数据分布的方法，可能被用于检验现实是否运算的结果。

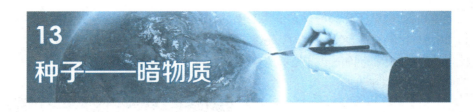

13
种子——暗物质

　　人们所知道的物质，其质量主要由质子和中子提供，这种普通物质也被称为重子物质。1933年，瑞士天文学家兹威基发现，在大星系团中星系运动速率非常快，用星系团中所有看得见的物质计算出的引力不足以束缚住它们，除非星系团的质量增大400倍以上。随后，天文学家同时用光学方法和力学方法来测算许多天体的质量。惊人的是，用力学方法测算出的质量总是比光学方法测算出的质量大许多。科学家将多出来的这部分质量称为"暗物质"。

　　1980年，鲁宾等人对许多星系的旋转曲线进行了详细的观察研究，确凿地证明了除了星系中心附近的发光物质外，在远离中心甚至在星系晕中均有大量暗物质存在。

　　虽然被称为暗物质，但它既不是黑色的，也不是邪恶的。那么，暗物质的真面目到底是什么呢？

　　最初作为暗物质候选者的，是用普通望远镜难以发现的"暗天体"，包括小行星、白矮星、褐矮星、中子星和黑洞等。但研究表明，包含晕的星系全体在内

△ 暗物质是通过引力透镜间接观测到的

的所有暗天体加起来，总质量也达不到星系总质量的10%，暗天体不是暗物质。

进一步研究表明，暗物质不可能由原子构成，这使得暗物质有着完全特殊的性质。2006年，美国科学家道格拉斯·克洛对"子弹星系团"进行了观测，发现暗物质与其他物质几乎没有相互作用。

既不能由原子组成，又不与任何物体发生碰撞，这是什么东西呢？一种被称为"中微子"的基本粒子正好符合这两个条件，可是，中微子的数量不够多，也被排除了。

在宇宙空间中，既有星系密集的地方，也存在没有星系的地方，也就是说物质的分布是不均匀的。20世纪70年代，科学家指出："宇宙中如果只有可见物质的

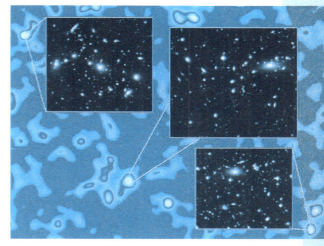

△ 首张观测到的宇宙暗物质图

话，从宇宙诞生开始到现在为止的时间内，来不及形成现在所观察到的宇宙中的结构。"1985年，英国苏塞克斯大学的卡洛斯·弗伦克团队提出假说，认为"暗物质对于宇宙中恒星和星系等小结构的产生起到了重要的作用"。也就是说，暗物质是星系形成的种子。

2003年，通过美国宇航局的哈勃望远镜、日本的昴星团望远镜等众多望远镜来研究暗物质三维分布的观测开始进行。初步勾勒出暗物质的模样：一是不发出任何光；二是几乎不和任何物质发生碰撞；三是在宇宙早期速率几乎为零；四是总质量大约是可见物质的5倍，约占宇宙总质量的23%。

总之，对于暗物质，科学家们还了解得太少。

14
宇宙的主宰——暗能量（上）

经过多年的研究，天文学家越来越接近暗物质的本来面目。尽管这样，暗物质还不是宇宙中最为神秘的东西。在宇宙中，与暗物质并列存在的另一个巨大的谜团是"暗能量"。

早在20世纪20年代，人们就知道宇宙正在不断膨胀，但是直到90年代后半期，才从观测结果中惊异地发现，宇宙正在加速膨胀。为了解释这个加速膨胀，就需要有什么东西来对抗星系团间产生的巨大引力，由此，人们提出了"暗能量"的概念。与密度不均匀的暗物质不同，一般认为，暗能量在宇宙中的分布是非常均匀的。

根据最近的研究，普通物质占4.9%，暗物质占26.8%，暗能量占68.3%。这就是说，暗物质加暗能量，共95.1%的东西，我们都是不清楚的。

因此不夸张地说，暗能量是个大事儿。如果你不理解暗能量，你就不能真正理解宇宙。

到目前为止，暗能量的存在只有间接的证据和观测上的支持。那么理论上呢？让人惊叹的是，我们又要提到爱因斯坦和他的广义相对论了。

广义相对论是目前唯一能处理大尺度空间问题的物理学理论。爱因斯坦发表广义相对论后，试着对宇宙空

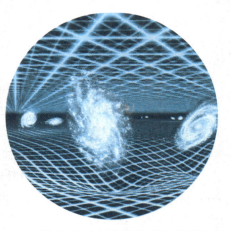

△ 暗能量（上半部分格线）是光滑均匀的力量，支配着重力的效应（下半部分格线）

间进行计算，结果发现，宇宙不是处于膨胀中，就是处于收缩中。但爱因斯坦相信，宇宙的大小应该是不变的。为了保持宇宙大小不变，他认为宇宙中必然存在着某种"斥力"，才能对抗宇宙中各种物质所产生的引力。于是他在广义相对论的方程式中加入了"宇宙常数"，来起到斥力的作用。

1929年，哈勃观测到宇宙在膨胀。既然宇宙并非恒定，那宇宙常数就不应该存在。因此，爱因斯坦就将"宇宙常数"从方程式中删除了，并且懊恼地说：这是我一生中最大的错误。事实上，当时的观测并不知道宇宙的膨胀是在加速还是减速，这两者的结果截然不同。

20世纪末的观测结果确认宇宙在加速膨胀，这就要求必须存在有能使宇宙膨胀加速的"东西"，如此一来，爱因斯坦的"宇宙常数"居然复活了。

△世界迄今最大单口径射电望远镜FAST工程将用于研究暗物质和暗能量

研究表明，暗能量具有许多不可思议的性质：

第一点就是暗能量能反抗引力，也就是具有与相互吸引相对立的反向排斥的性质，是"斥力"。可见物质和暗物质都会受引力的影响，而暗能量不会。

第二点就是无论宇宙空间怎么膨胀，它的密度也不会被稀释或者摊薄。这一点与我们熟知的可见物质和不熟知的暗物质完全相反。可以认为，所谓暗能量是空间本身所携带的能量，无论怎么膨胀，依然保持同样的暗能量密度。

令人意外的是，暗能量和宇宙的诞生与结局密切相关。

15
宇宙的主宰——暗能量（下）

现在宇宙由于暗能量的作用而加速膨胀，实际上与宇宙刚刚诞生之后发生的加速膨胀并没有不同。如果暗能量的密度发生变化，则宇宙的结局也会相应变化。第一种是暗能量的密度保持不变，宇宙就按照现在的势头加速膨胀下去；第二种是暗能量的密度变小，宇宙就会由膨胀转入收缩，最后发生挤压；第三种是暗能量的密度变大，宇宙的加速膨胀可能把星系、恒星甚至原子都撕裂。

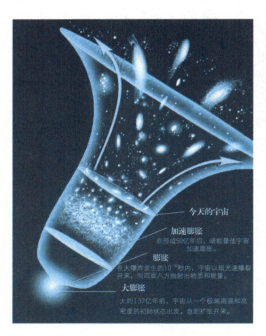

△ 暗能量与宇宙大爆炸

但是我们还不知道暗能量是什么，所以并不清楚到底会出现哪种情况。

宇宙学家热衷于照亮笼罩着暗能量的黑暗，三项实验应该可以帮助他们做到这一点。这些实验将追溯到几近宇宙起始的时候，并将衡量星系间以及星系和星系团间的相互关系，其结果的详细程度将是前所未有的。当实验完成的时候，哪怕暗能量的性质还没有得到解决，至少也应该变得更清晰。

第一项实验是一台5吨重、570 000 000像素的暗能量相机，这台相机

2012年安装在了阿塔卡马沙漠智利境内海拔2 200米的赛拉·托洛洛美洲天文台上。它将在五年时间的525个夜晚中每晚拍摄400张每张1GB的夜空照片。这次摄影"马拉松"是芝加哥大学的乔舒亚·弗里曼领导的暗能量巡天项目的一部分。弗里曼博士计划扫描1/8的天空，其间仔细研究100 000个星系团，并测量到达那些星系团中3亿个独立星系的距离。

第二个新实验是由东京大学物理与数学研究所的村山仁领导的"斯巴鲁成像与红移测量"实验，它定址于夏威夷的一个山顶上。2014年开始收集数据，方法与暗能量巡天计划相仿，但要更好。虽然它只观测1/10的天空，但它看得更远——130亿光年而不是100亿光年。

第三个实验是由普林斯顿大学莱曼·佩治2014年开展的阿塔卡马宇宙望远镜偏振敏感接收实验。它不是观察来自星系的光，而是研究来自宇宙微波背景辐射的微波。这些微波是宇宙大爆炸后38万年左右形成的，因此保留了早期宇宙样貌的印记。

20世纪初，"物理学晴朗天空上"飘着"两朵乌云"，一朵导致了相对论的诞生，另一朵则催生出了量子论。相对论和量子论被认为是20世纪物理学上两大奇迹。现在，暗物质和暗能量这两"暗"会否在21世纪催生出更为奇妙的理论和方程式呢？让我们拭目以待。

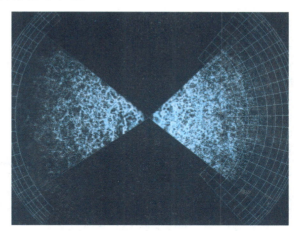

△ 科学家认为宇宙大尺度结构上
由暗能量与暗物质共同主导

或者，暗物质与暗能量的秘密就等着你来解答。

16 物理学最前沿的难题（上）

　　当今科学研究中三个突出的基本问题是：宇宙构成、物质结构及生命的本质和维持，所对应的现代新技术革命的八大学科分别是：能源、信息、材料、微光、微电子技术、海洋科学、空间技术和计算机技术等。物理学是这些问题的解决和这八大学科的基础。

　　除了前面几章的内容之外，我们还可以从物理学最前沿的十二大难题来了解未来的物理学动态。

　　难题一，中微子有质量

　　不久前，物理学家还认为中微子没有质量，但最近的进展表明，这些粒子可能也有些许质量。任何这方面的证据也可以作为理论依据，找出四种自然力量中的三种——电磁、强力和弱力——的共性。即使很小的重量也可以叠加，因为大爆炸留下了大量的中微子。

　　难题二，从铁到铀的重元素如何形成

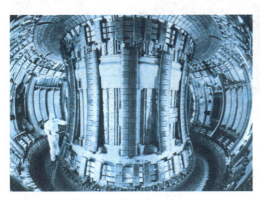
△ 核聚变装置可用于研究重元素的形成

暗物质和可能的暗能量都生成于宇宙初始时期——氢、锂等轻元素形成的时候。较重的元素后来形成于星体内部，核反应使质子和中子结合生成新的原子核。比如说，四个氢核通过一系列反应聚变成一个氦核。这就是太阳发生的情况，它提供了地球需要的热量。

当核聚变产生比铁重的元素时，就需要大量的中子。因此，天文学家认为，较重的原子形成于超新星爆炸过程中，有大量现成的中子，尽管其成因还不是很清楚。另外，最近一些科学家已确定，至少一些最重的元素，如金、铅等，是形成于更强的爆炸中。

难题三：超高能粒子从哪里来

太空中能量最大的粒子，其中包括中微子、γ 射线光子和其他各种形式的亚原子都被称作宇宙射线。它们无时无刻不在射向地球；当你在读这本书时，可能就有几种射线在穿过你的身体。宇宙射线的能量如此之大，以至于它们必须是在大灾变造成的宇宙加速活动中才能产生。科学家估计的来源是创世大爆炸本身、超新星撞成黑洞产生的冲击波以及被吸入星系中央巨大黑洞时的

△ 极光就是来自宇宙的高能粒子与大气层摩擦产生的结果

加速物质等等。了解了这些粒子的来源以及它们如何得到如此巨大的能量，将有助于研究这些物体的具体的活动情况。

难题四，超高温度和密度之下是否有新的物质形态

在能量极大的情况下，物质经历一系列的变化，原子分裂成其最小的组成部分。这些部分就是基本的粒子，即夸克和轻子，据目前所知，它们不能再分成更小的部分。

但当温度和密度上升到地球上的几十亿倍时，原子的基本成分很可能会完全分离开来，形成夸克等离子体，并产生将夸克聚合在一起的能量。要使这些力量结合起来，就必须要有一种新的超大粒子——规范玻色子，如果它存在的话，就可以使夸克转变为其他粒子，从而使每个原子中心的光子衰变。假如物理学家证明光子能够衰变，那么这一发现就会证明有新力量的存在。

17 物理学最前沿的难题（中）

难题五，光子是不稳定的吗

如果你担心组成你的光子会分解蜕变，将你变成一堆基本粒子和自由能量，那大可不必。各种观察和试验表明，光子的稳定时间至少在 10^{33} 年。然而，许多物理学家认为，如果这三种原子力确实是单个统一场的不同表现形式，前文所说的神秘变化的超大玻色子就会不时地从夸克中演化出来，使夸克及其组成的光子衰退。

如果一开始你认为这些物理学家脑子出了毛病，那也是

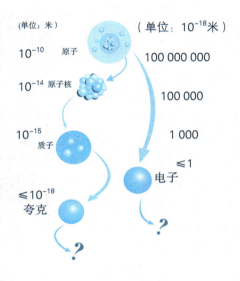

△ 再往下分还有什么？

情有可原的，因为按理说微小的夸克不可能生成比它重这么巨大倍数的玻色子。但根据海森堡的测不准原理，我们不可能同时知道一个粒子的动量和位置，这就间接使这样一个大胆命题可以成立。因此，一个巨大的玻色子在一个夸克中生成，在很短时间内形成一个光子并使光子衰变是可能的。

难题六，有几维空间

对重力真正性质的研究也会带来这样的疑问：空间是否仅仅限于我们能轻易观察到的四维呢？这就将我们引向了一些线性理论学家对重力的解释，其中就包括其他维的空间。开始的宇宙线性理论模型将重力和

其他三种力在复杂的11维宇宙中结合起来。在宇宙中，其中的7维隐藏在超乎想象的微小空间中，以至于我们无法觉察到。线性理论学家说，我们之所以看不见其他维的空间，只是因为缺少能将它们分解的精密仪器。

△ 艺术家笔下的多维空间

难题七，"大爆炸"之前发生了什么

在物理学界越来越占主流的观点认为，"大爆炸状态"本身源于之前存在的某种条件，因此可望按照导致"大爆炸状态"产生的那种之前存在的动态条件对它加以说明。

在思考这个问题时，许多人采用了同样的策略，推论说我们一直所称的整个宇宙其实不过是整体客观世界的一小部分，而且我们是生存于某种气泡宇宙之中，是一个巨大物体中的一片小区域。这个区域的起源，也就是我们所说的"大爆炸"，是在爆炸之前就有的某种物理过程生成的结果；我们恰好身处其中的原因也不过是这个区域允许生命存在而已。依据这种想法，这种气泡宇宙为数众多，可能有无限个，并且各自不同。

难题八，质子的寿命有多长，如何来理解

以前人们认为质子与中子不同，它永远不会分裂成更小的颗粒。这曾被当成真理。然而在20世纪70年代，理论物理学家认识到，他们提出的各种可能成为"大一统理论"的理论暗示：质子必须是不稳定的。只要有足够长的时间，在极其偶然的情况下，质子是会分裂的。

许多年来，实验人员一直在地下实验室中密切注视大型的水槽，等待着原子内部质子的死去。但迄今为止质子的死亡率是零，这意味着要么质子十分稳定，要么它们的寿命很长——估计在十亿亿亿亿年以上。

18
物理学最前沿的难题（下）

难题九，自然界是超对称的吗

许多物理学家认为，把包括引力在内的所有作用力统一成为单一的理论要求证明两种差异极大的粒子实际上存在密切的关系，这种关系就是所谓的超对称现象。第一种粒子是费米子，可以把它们粗略地说成是物质的基本组件，就像质子、电子和中子一样。它们聚集在一起组成物质。另一种粒子是玻色子，它们是传递作用力的粒子，类似于传递光的光子。在超对称的条件下，每一个费米子都有一个与之对应的玻色子，反之亦然。

△ 超对称理论

物理学家有杜撰古怪名字的冲动，他们把所谓的超级对称粒子称为 Sparticle。但由于在自然界中还没有观察到 Sparticle，物理学家还需要解释这种对称性"破灭"的原因：随着宇宙冷却并凝结成现在的这种不对称状态，在其诞生之际所存在的数学上的完美被打破了。

难题十，黑洞信息悖论的解决方法是什么

根据量子理论，信息——无论它描述的是粒子运动的速率还是油墨颗粒组成文件的确切方式——是不会从宇宙中消失的。但霍金等人却提出了一个假设：如果你把一本大不列颠百科全书扔进黑洞中去，相关信息就会消失。

正如物理学中所定义的，信息并不等同于含义，信息仅指二进制的数字，或是一些其他的代码，它被用来精确地描述一个物体或一种方式。所以看起来那些特定的书本里的信息将被吞没，并永远地消失。

但这是真的吗？

难题十一，何种物理学能够解释基本粒子的重力与其典型质量之间的巨大差距

为什么重力比其他的作用力

△ 黑洞信息悖论的解决方法是什么？

(如电磁力)要弱得多？一块磁铁能够吸起一个回形针，即使整个地球的引力在把它往下拉。根据最近的一种说法，重力实际上要大得多。它仅仅是看上去比较弱而已，因为大部分重力陷入了某一个额外的维度之中。如果我们可以用高能粒子加速器俘获全部的重力，也许就有可能制造出微型黑洞。

难题十二，我们能否定量地理解量子色动力学中的夸克和胶子约束以及质量差距的存在

量子色动力学是描述强核子力的理论。这种力由胶子携带，它把夸克结合成质子和中子这样的粒子。根据量子色动力学理论，这些微小的亚粒子永远受到约束。你无法把一个夸克或胶子从质子中分离出来，因为距离越远，这种强作用力就越大，从而迅速地把它们拉回原位。但物理学家还没有最终证明夸克和胶子永远不能逃脱约束。

物理学遇到的难题肯定不止这12个。世界上最可怕的不是对未知的无知，而是对未知的恐惧。物理学难题的存在，其实意味着机会——一个由你解答这些难题的机会。

问题只是，你做好准备了吗？

后　记

　　"物理"一词最先出自古希腊文 φυσικ，原意是指自然，古希腊时期出现了阿基米德、苏格拉底等一批早期科学家。古时的欧洲人称物理学为"自然哲学"。从最广泛的意义上来说，即是研究大自然现象及规律的学问。汉语、日语中"物理"一词起自于明末清初科学家方以智的百科全书式著作《物理小识》。

　　大量事实表明，物理思想与方法不仅对物理学本身有价值，而且对整个自然科学，乃至社会科学的发展都有着重要的贡献。有人统计过，自20世纪中叶以来，在诺贝尔化学奖、生物及医学奖，甚至经济学奖的获奖者中，有一半以上的人具有物理学的背景。这意味着他们从物理学中汲取了智能，转而在非物理领域里获得了成功。反过来，却从未发现有非物理专业出身的科学家问鼎诺贝尔物理学奖的事例。这就是物理智能的力量。难怪国外有专家十分尖锐地指出：没有物理修养的民族是愚蠢的民族！

　　很遗憾的是，中华民族在近现代物理学史上，几乎毫无作为。目前，中国在可控核聚变、纳米技术、量子隐形通信、中微子研究等方面的研究处于世界领先地位，在暗物质和暗能量等物理学最前沿，也正在奋起直追。在可以预见的将来，中国科学家获得诺贝尔物理学奖也不是不可能。

　　——那个领奖的科学家会不会就是你呀？

　　只看《物理改变世界》肯定是不可能的。本书还很粗糙，所展示的也只是物理学这棵参天大树的一小片叶子，限于篇幅，许多原本可以写成一本书的内容，被压缩到了千字左右，只能是蜻蜓点水了。但我希望，本书是一粒种子，能让对物理的喜好在你心中生根发芽，在未来长成参天大树。你必须记得一个事实：兴趣是最好的老师。

　　在写作中，我重点参考了如下书籍：

　　《20世纪科学未解之谜》，郑炜，中国华侨出版社，2000年。

《时间简史——从大爆炸到黑洞》，（英）史蒂芬·霍金，湖北科学技术出版社，2001年。

《物理学的未来》，（美）加来道雄，重庆出版社，2012年。

《不可思议的物理》，（美）加来道雄，上海科学技术文献出版社，2009年。

《第一科学视野：宇宙与天体》，《环球科学》杂志社，电子工业出版社，2011年。

《爱因斯坦传》，（美）沃尔特·艾萨克森，湖北科学技术出版社，2012年。

《量子世界：写给所有人的量子物理》，（美）肯尼斯·W·福特，外语教学与研究出版社，2008年。

《爱因斯坦的望远镜：搜索暗物质和暗能量》，（美）艾弗琳·盖茨，中国人民大学出版社，2011年。

《宇宙之书：从托勒密、爱因斯坦到多重宇宙》，（美）约翰·D·巴罗，人民邮电出版社，2013年。

感谢上述书籍的作者以及译者和出版社。

我长期订阅的三种杂志：《大自然探索》（http://zira.qikan.com/）、《环球科学》（http://www.huanqiukexue.com/）和《科幻世界》（http://www.sfw.com.cn/），对我的写作也有很大帮助。此外，如下网站也对我的写作贡献良多：

果壳网（http://www.guokr.com/）

科学松鼠会（http://songshuhui.net/）

科技中国（http://www.techcn.com.cn/）

译言网（http://www.yeeyan.org/）

东西网（http://dongxi.net/）

我最该感谢的还有那些日日夜夜在野外考察、在实验室研究、在大脑里冥想的科学家，是他们的观察、研究和发明彻底改变了我们的生活。在可以预见的未来，他们将继续改变我们的生活，甚至改变我们自己。作为科学的受益者，我衷心地感谢他们。